U0167872

青年求學時期的劉操南

（攝於1938年9月—1942年6月國立浙江大學西遷貴州期間）

數十年中劉操南先生對於古算典籍孜孜以求，考證與運算（多至億萬位的算式）都離不開這些算盤、筆、墨、紙、硯等文房用具。

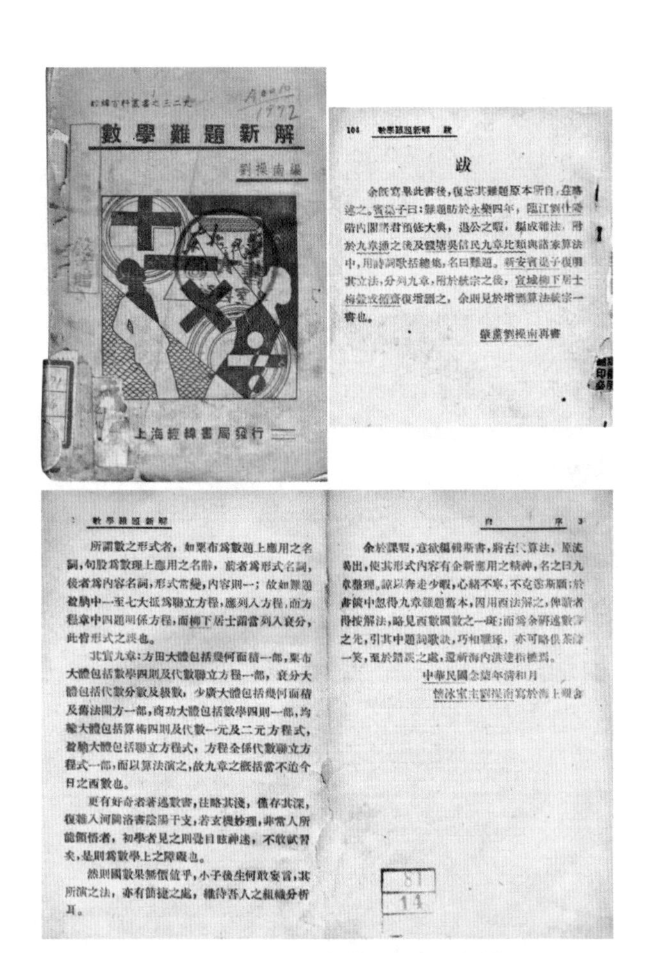

104 數學難題新解 跋

跋

余旣寫畢此書後，復忘其難題原本所自，茲略述之。賓渠子曰：難題昉於永樂四年，臨江劉仕隆蹈內閣諸君預修大典，退公之暇，編成雜法，附於九章通之後及錢塘吳信民九章比類與諸家算法中，用詩詞歌括總集，名曰難題。新安賓渠子復明其立法，分列九章，附於統宗之後，宣城柳下居士梅瑴成循齋復增刪之，余則見於增刪算法統宗一書也。

梁溪劉操南再書

2 數學難題新解

所謂數之形式者，如粟布爲數題上應用之名詞，句股爲數理上應用之名辭，前者爲形式名詞，後者爲內容名詞，形式常變，內容則一；故如難題盈朒中一至七大抵爲聯立方程，應列入方程，而方程章中四題則係方程，而柳下居士謂當列入衰分，此皆形式之誤也。

其實九章：方田大體包括幾何面積一部，粟布大體包括數學四則及代數聯立方程一部，衰分大體包括代數分數及級數，少廣大體包括幾何面積及算法開方一部，商功大體包括數學四則一部，均輸大體包括算術四則及代數一元及二元方程式，盈朒大體包括聯立方程式，方程全係代數聯立方程式一部，而以算法演之，故九章之概括當不逾今日之西數也。

更有好奇者著述數書，往略其淺，僅存其深，復雜入河圖洛書陰陽干支，若玄機妙理，非常人所能領悟者，初學者見之則覺目眩神迷，不敢試習矣，是則爲數學上之障礙也。

然則國數果無價值乎，小子後生何敢妄言，其所演之法，亦有簡捷之處，統待吾人之組織分析耳。

自序 3

余於課暇，意欲編輯斯書，將古人算法，原流易出，使其形式內容有全新應用之精神，名之曰九章整理。諒以奔走少暇，心緒不寧，不克竟斯願；於書簏中忽得九章難題舊本，因用西法解之，俾讀者得按解法，略見西數國數之一斑；而爲余研述數學之先，引其中題詞歌訣，巧相雕琢，亦可略供茶餘一笑，至於錯誤之處，還祈海內洪達指正焉。

中華民國念捌年清和月

憶冰室主劉操南寫於海上寓舍

《數學難題新解》書稿蓋成於 1938 年，其時劉操南先生考入國立浙江大學并隨學校西遷貴州遵義，於 1946 年方得復還杭州。是書於 1944 年由上海經緯書局出版。先生已隨學校西遷遵義、湄潭，1946 年方得還杭州，此後直至去世，竟未睹其書！數十年中，先生及子女等不懈尋找，无果。及編《劉操南全集》，先生弟子陳飛及其學生王娟等遍尋，皆報無有。遂絕望！孰料 2018 年 8 月，有網名“蟲夫子”者，由王娟網文獲悉其事，慨然將其所藏《數學難題新解》一册捐賜，堅辭謝儀並隱真名，全然出於道義與學術也！此固君子之高行嘉惠，抑天地垂鑒於先生治學之悲寂及後人訪尋之誠苦而予示現以成全集耶?

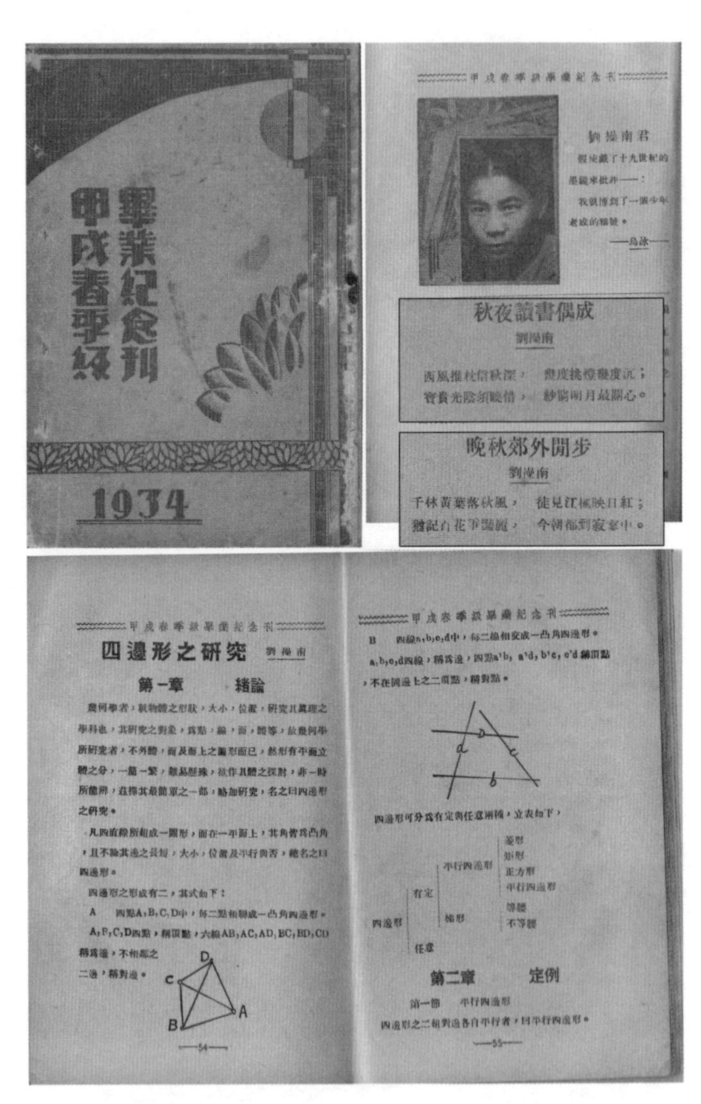

畢業紀念刊
甲戌春季級
1934

甲戌春季級畢業紀念刊

劉操南君

假使戴了十九世紀的墨鏡來批評——：我就博到了一個少年老成的雅號。

——烏泳——

秋夜讀書偶成

劉操南

西風摧枕信秋深，幾度挑燈幾度沉；
寶貴光陰須曉惜，紗窗明月最關心。

晚秋郊外閒步

劉操南

千林黃葉落秋風，徒見江楓映日紅；
猶記百花爭艷麗，今朝都到寂寥中。

甲戌春季級畢業紀念刊

四邊形之研究　劉操南

第一章　緒論

幾何學者，就物體之形狀，大小，位置，研究其眞理之學科也，其研究之對象，爲點，線，面，體等，故幾何學所研究者，不外體，面及面上之圖形而已，然形有平面立體之分，一簡一繁，難易懸殊，欲作具體之探討，非一時所能辦，茲擇其最簡單之一部，略加研究，名之曰四邊形之研究。

凡四直線所組成一圖形，而在一平面上，其角皆爲凸角，且不論其邊之長短，大小，位置及平行與否，總名之曰四邊形。

四邊形之形成有二，其式如下：

A　四點A，B，C，D中，每二點相聯成一凸角四邊形。A，B，C，D四點，稱頂點，六線AB，AC，AD，BC，BD，CD稱爲邊，不相鄰之二邊，稱對邊。

—54—

甲戌春季級畢業紀念刊

B　四線a，b，c，d中，每二線相交成一凸角四邊形。a，b，c，d四線，稱爲邊，四點a'b，a'd，b'c，c'd稱頂點，不在同邊上之二頂點，稱對點。

四邊形可分爲有定與任意兩種，立表如下，

四邊形
- 有定
  - 平行四邊形
    - 菱形
    - 矩形
    - 正方形
    - 平行四邊形
  - 梯形
    - 等腰
    - 不等腰
- 任意

第二章　定例

第一節　平行四邊形

四邊形之二組對邊各自平行者，曰平行四邊形。

—55—

1934年暮春，劉操南在無錫縣立初級中學畢業，這是目前發現先生最早見之於刊物的文與詩。

照片由劉操南先生之子劉文涵教授策劃編制

受 浙江大學文科高水平學術著作出版基金
中央高校基本科研業務費專項資金 資助

“劉操南全集”編輯委員會

劉操南全集

古算廣義

劉操南 著

浙江大學出版社
ZHEJIANG UNIVERSITY PRESS

總目録

四邊形之研究

目　録

第一章　緒　論

幾何學者，就物體之形狀、大小、位置，研究其真理之學科也，其研究之對象也，爲點、綫、面、體等，故幾何學所研究者，不外體、面及面上之環形而已。然形有平面、立體之分，一簡一繁，難易懸殊，欲做具體之探討，非一時所能辨，玆擇其最簡單之一部，略加研究，名之曰《四邊形之研究》。

凡四直綫所組成以環形，而在一平面上，其角皆爲凸角，且不論其邊之長短、大小、位置及平行與否，總名之曰四邊形。

四邊形之形成之有二，其式如下：

A. 四點 A、B、C、D 中，每兩邊相聯成一凸角四邊形。

A、B、C、D 四點，稱頂點，六綫 AB、AC、AD、BC、BD、CD 稱爲邊，不相鄰之二邊，稱對邊。

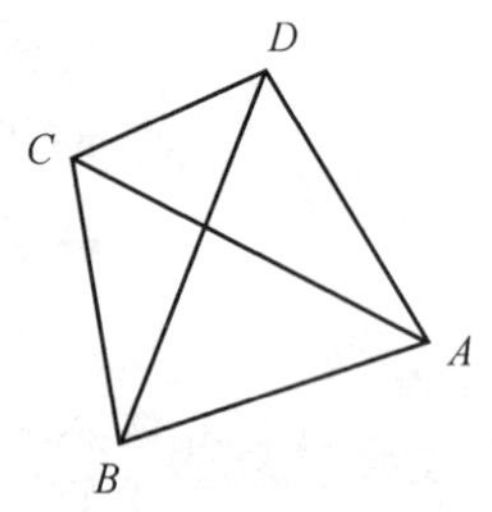

B. 四邊 a、b、c、d 中，每兩綫相交成一凸角四邊形。

a、b、c、d 四綫，稱爲邊，四點 $a'b$，$a'd$，$b'c$，$c'd$ 稱爲頂點，

不在同邊上之二頂點，稱對點。

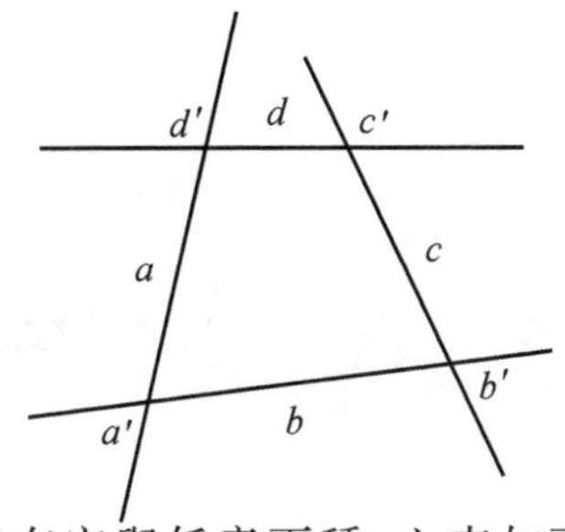

四邊形可分爲有定與任意兩種，立表如下：

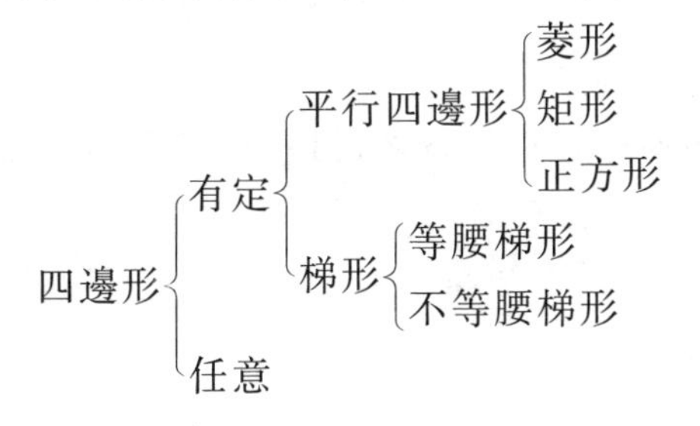

第二章　定　例

第一節　平行四邊形

四邊形之二組對邊各自平行者，曰平行四邊形。凡平行四邊形皆具下列諸條。

甲、對角綫分本形爲二全等之三角形。

乙、對角綫互爲均分。

丙、對邊相等。

丁、對邊平行。

戊、對角相等。

己、相鄰之二角互爲補角。

A. 四邊形之各邊平行且成直角者，曰矩形。凡矩形皆具下列諸條。

甲、四角相等。

乙、可包含於圓内。

丙、對角綫相等。

B. 四邊形之各邊平行且相等者，曰菱形。凡菱形皆具下列諸條：

甲、對角綫均分本形爲四全等分。

乙、對角綫互爲均分且垂直。

C. 四邊形之各邊平行相等且垂直者曰正方形。凡正方形皆具下列諸條。

甲、對角綫互爲垂直且相等。

乙、可作内接圓與外接圓，且以對角綫相交處爲圓心。

第二節　梯　形

四邊形之一組對邊平行者，曰梯形。

A. 梯形另一組對邊相等者曰等腰梯形。

凡等腰梯形皆具下列諸條。

甲、兩對角綫互成相等之綫段。

乙、平行邊與對角綫相交處所組成之三角形，爲等腰三角形。

丙、對角綫所組成，同底之二三角形全等。

丁、對角綫所組成，在平行邊上之二三角形相似。

戊、對角綫所組成，不在平行邊上之二三角形全等。

B. 梯形另一組對邊不相等者，曰不等腰梯形，簡曰梯形。

凡梯形皆具下列諸條。

甲、對角綫互成比例之綫段。

乙、對角綫所組成同底之二三角形相等。

第三節　任意四邊形

四邊形之四角角頂，皆可包含於圓内者，則其外角等於内角之對角。四邊形之二角成直角者，則可包含於圓内。對角綫成垂直者，或其他無定形，因皆無一定之範圍，同時亦無相當之定例，故以任意命之，皆曰四邊形。

第三章　求積法

第一節　平行四邊形

A. 矩形之面積：ab（a，b 爲二邊）。

B. 正方形之面積：a^2（a 爲邊）。

C. 菱形之面積：$AC\times\frac{1}{2}BD$（AC、BD 爲對角綫）。

D. 平行四邊形之面積：HB（H 爲高，B 爲底）。

第二節　梯　形

A. 梯形之面積：$\frac{H}{2}(a+b)$（a，b 爲平行二邊，H 爲高）。

B. 等腰梯形之面積：$\frac{B_1+B_2}{2}H$（B_1、B_2 分别爲上下底，H 爲高）。

第三節　任意四邊形

任意四邊形之面積：割成二三角形以求之，改成一等於此形之三角形以求之。

例題

A. 菱形之面積等於對角綫相乘積之半。

設菱形 $ABCD$ 之對角綫 AC 和 DB 交於 O。求證：$S_{ABCD}=\frac{1}{2}AC\times DB$。

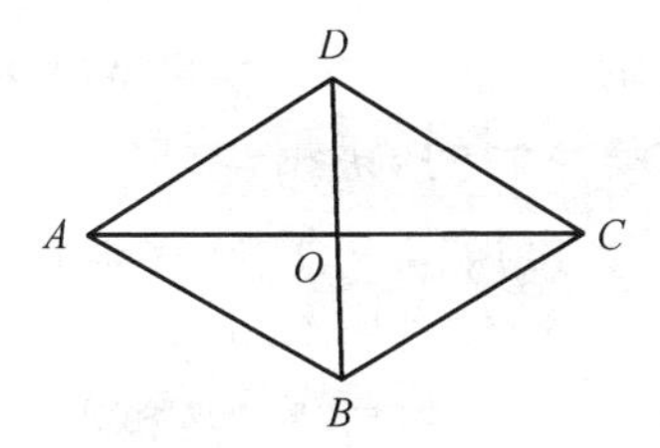

證：∵

$AC\times DO=2\triangle ADC$，

$AC\times BO=2\triangle ABC$，

∴

$AC\times(DO+BO)=2\square ABCD$，

即

$AC\times DB=2\square ABCD$，

從而

$\frac{1}{2}AC\times DB=\square ABCD$。

B. 平行四邊形之面積，等於等底等高之矩形。

設平行四邊形 $EFCB$ 及矩形 $ABCD$ 同以 DC 爲高，且以 BC 爲底。求證：$S\ \text{▭}ABCD=S\ \square EFCB$。

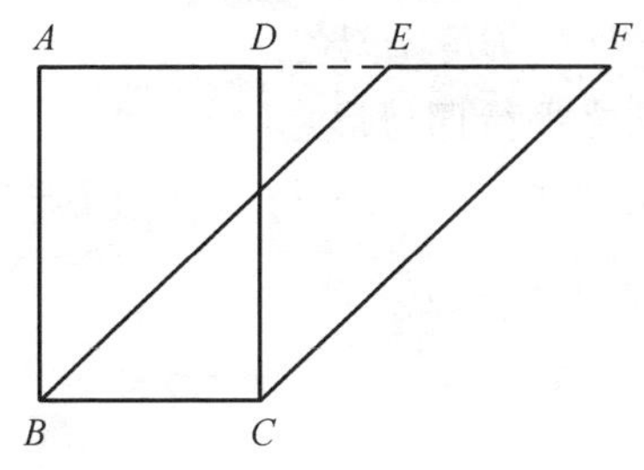

證：∵$EB//FC$，

$\therefore \angle AEB = \angle DFC$，

又 $AB = DC$，$\angle BAE = \angle CDF$，

$\therefore \triangle ABE \equiv \triangle DCF$。

$\therefore S$ 梯形 $ABCF - \triangle DCF = S$ 梯形 $ABCF - \triangle ABE$，

$\therefore$ $S \square ABCD = S \square EFCB$。

C. 平行四邊形自角頂作一直綫，皆垂直於形外一綫時，則兩兩對角頂所引之直綫長，相加必相等。

設平行四邊形 $ABCD$，對角綫 DB 和 AC 交於 O。求證：$AE+CG=BF+DH$。

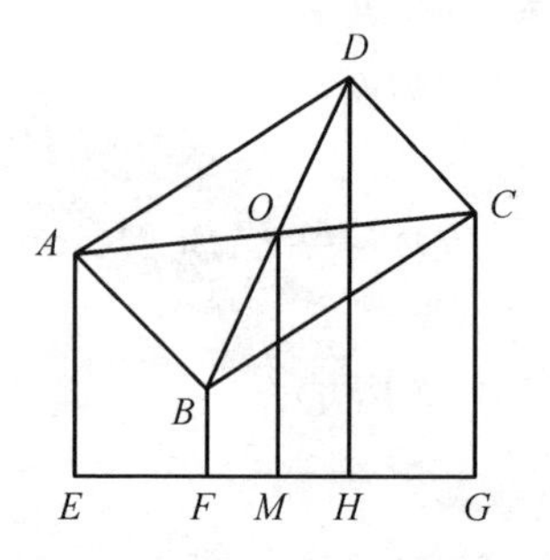

證：

$$OM = \frac{1}{2}(AE+CG),$$

$$OM = \frac{1}{2}(BF+DH),$$

$$\therefore AE+CG=BF+DH。$$

D. 同底等積之平行四邊形，其周之極小者爲矩形。

設同底 AB 成矩形 BD 及平行四邊形 BF。求證：$\square BD$ 的周長小於$\square BF$ 的周長。

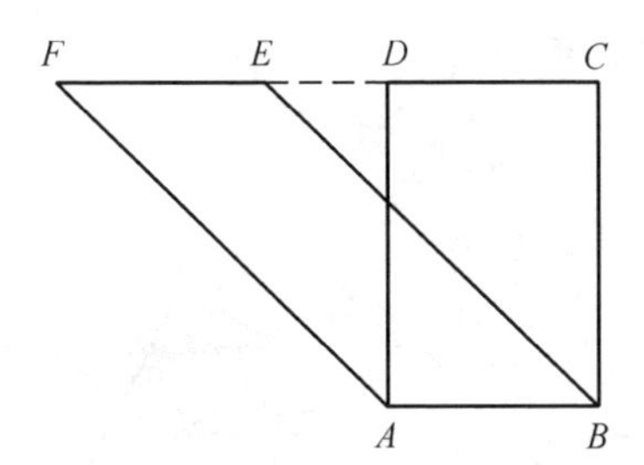

設 $AB=EF=CD$，$\triangle BCE$ 爲直角三角形，$\angle BCE=\angle R$，BE 爲斜邊。

$\therefore$ $BE>BC, AF>AD$，

$\therefore$ $2AB+2BE>2AB+2BC$。

E. 四邊形對角綫成垂直時，則兩兩對邊正方形之和相等。

設四邊形 $ABCD$ 上對角綫 AC 和 BD 互成垂直。求證：$\overline{AB}^2+\overline{CD}^2=\overline{AD}^2+\overline{BC}^2$。

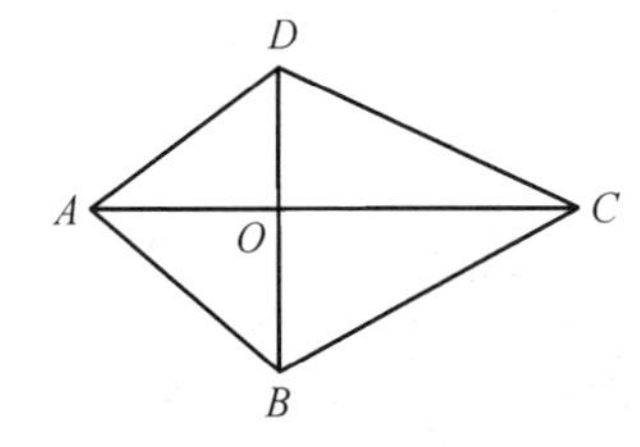

證：

$\because$ $\overline{AB}^2=\overline{AO}^2+\overline{BO}^2$，

$\overline{CD}^2=\overline{DO}^2+\overline{CO}^2$，

$\therefore$ $\overline{AB}^2+\overline{CD}^2=\overline{AO}^2+\overline{BO}^2+\overline{DO}^2+\overline{CO}^2$。

又 $\because$ $\overline{AD}^2=\overline{AO}^2+\overline{DO}^2$，

$\overline{BC}^2=\overline{BO}^2+\overline{CO}^2$，

$\therefore$ $\overline{AD}^2+\overline{BC}^2=\overline{AO}^2+\overline{BO}^2+\overline{DO}^2+\overline{CO}^2$，

$\therefore$ $\overline{AD}^2+\overline{BC}^2=\overline{AB}^2+\overline{CD}^2$。

F. 梯形二對角綫中點上之連結綫，等於二平行邊差之半。

設梯形 $ABCD$ 對角綫 AC 和 BD 的中點爲 L,K,求證:$LK=\frac{1}{2}(DC-AB)$。

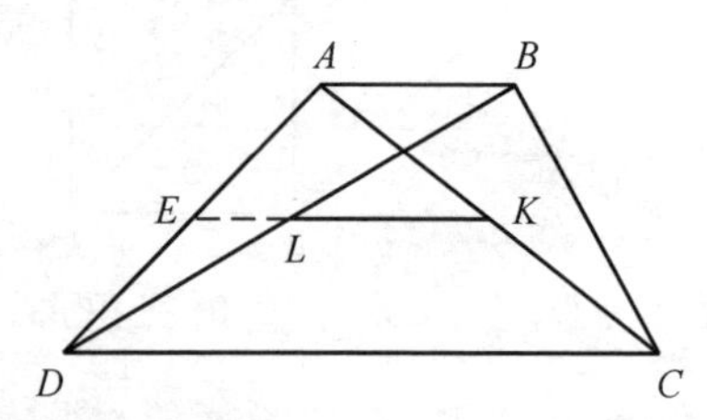

證:引長 KL,交 AD 於 E,則

$$KE=\frac{1}{2}DC,$$

$$LE=\frac{1}{2}AB,$$

$$\therefore KL=KE-LE=\frac{1}{2}(DC-AB)。$$

G. 梯形之面積等於上、下二底邊和之半乘高。

設梯形 $ABCD$,求證 $\frac{H}{2}(DC+AB)$ 爲本形之面積。

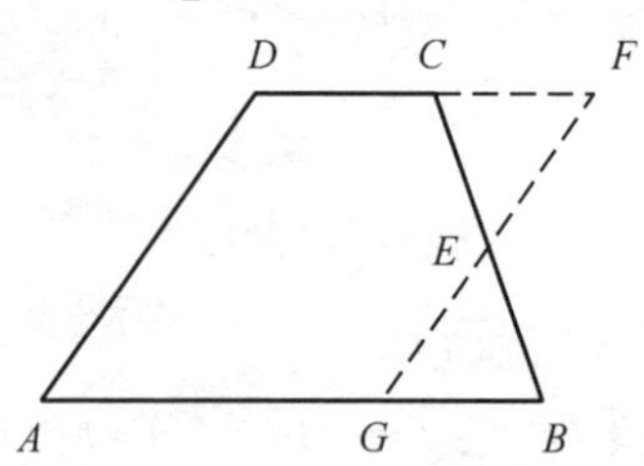

證:自 BC 中點 E,作 AC 之平行綫,一端與 AB 交於 G,一端與 DC 之引長綫交於 F。則

$$EC=EB,$$

$$\angle ECF=\angle EBG,$$

$$\angle CEF=\angle BEG,$$

$\because \triangle CEF \equiv \triangle BEG$,

$\therefore S$梯形$ABCD = S\square AGFD$,

$\because \square AGFD = \frac{H}{2}(DC + AB)$,

$\therefore$ 梯形$ABCD = \frac{H}{2}(DC + AB)$。

H. 任意四邊形分爲二三角形之求積法如下。

设任意四邊形$ABCD$,求此形面積之法。

作法:作對角綫AC成二三角形ACB及ACD。自點D和點B作AC之垂綫,垂足分别爲H和I。自點C作DH之平行綫,且相等綫CF。自點C作IB平行綫,且相等綫CE。

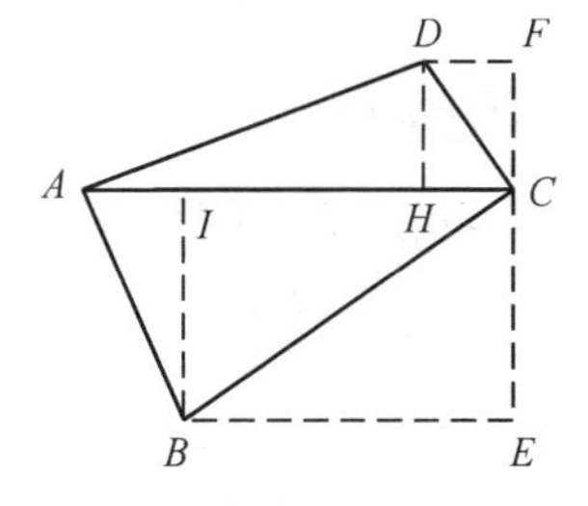

證:

$\frac{1}{2}(DH \times AC) = \triangle ACD$,

$\frac{1}{2}(IB \times AC) = \triangle ACB$,

$\triangle ACD + \triangle ACB =$ 四邊形$ABCD$,

$DH = FC$,

$IB = CE$,

$\therefore \frac{1}{2}(FE \times AC) =$ 四邊形$ABCD$。

I. 任意四邊形改成一等積之三角形而求其面積。

設任意四邊形 $ABCD$,求作等於此形之三角形。

作法:作對角綫 DB,作 DB 之平行綫 CE,自點 C 起至 AB 延長綫相交處止。作 DE 綫自 D 至 E。

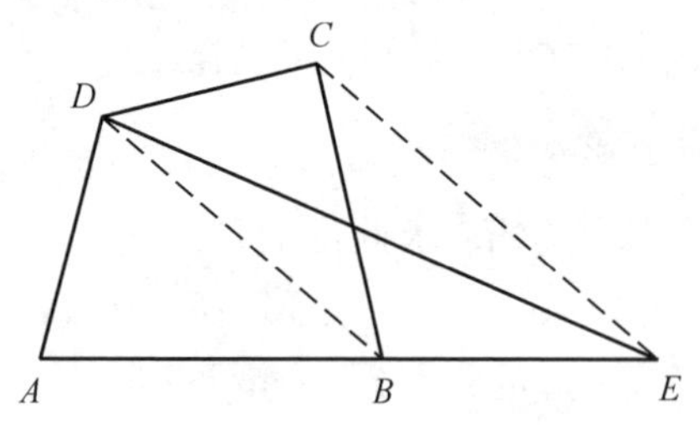

證:

$\because DB//CE$,

$\therefore \triangle DBC=\triangle DBE$,

$\therefore$ 四邊形 $ABCD=\triangle ABD+\triangle DBC$

$=\triangle ABD+\triangle DBE=\triangle ADE$。

第四章　割分法

第一節　平行四邊形

A. 自平行四邊形上任意點，作一直綫，分本形爲二等分。

設平行四邊形 $ABDC$，EF 爲其中綫，G 爲任意點，求作一綫均分此四邊形爲二等分。

作法：作中綫 EF，作 GF 綫，作 EH 綫使平行 GF 綫，作 GH 綫即所求之綫。

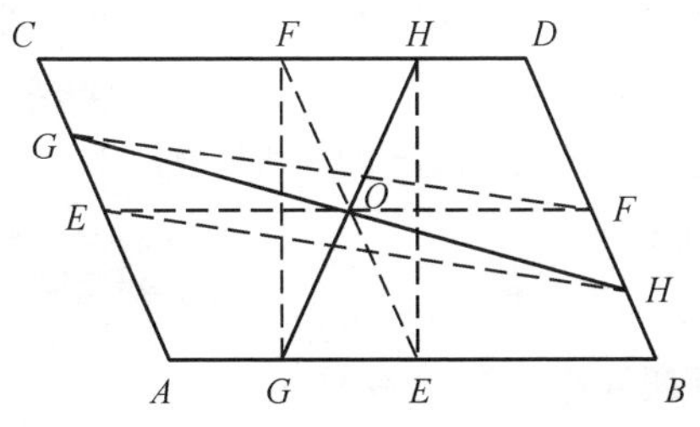

證：$\square AEFC=\square EFDB=\square ECDF=\square ABFE$，

$FO=EO$，

$GO=HO$，

$\angle FOH=\angle GOE$，

$\angle FHO=\angle OGE$，

$\angle OEG=\angle HFO$，

$\therefore\ \triangle OHF \equiv \triangle OGE$,

$\therefore$ 梯形 $CAGH=$ 梯形 $HGBD$,

梯形 $GHDC=$ 梯形 $HGAB$。

B. 自平行四邊形上任意點作二直綫,分本形爲三等分。

設平行四邊形 $ABCD$,任意點 E,求作二直綫,分本形爲三等分。

二等分相加成一三角形,或四邊形,而此形内之一邊與他一形相界者爲所求之綫,如圖爲 EG 及 EI 綫。

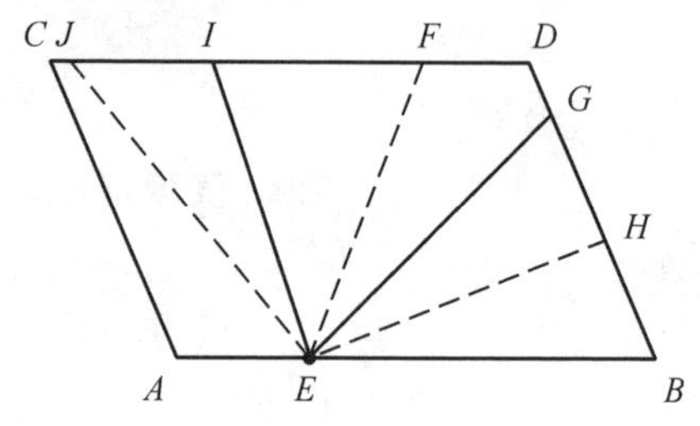

證:

$\triangle EBH=\triangle EGH=$ 四邊形 $EGDF=\triangle EFI=\triangle EIJ$ $=$ 四邊形 $AEJC$,

$\triangle EBH+\triangle EHG=$ 四邊形 $EGDF+\triangle EFI=\triangle EIJ$ $+$ 四邊形 $AEJC$,

$\therefore\ \triangle EBG=$ 四邊形 $EGDI=$ 四邊形 $ICAE$。

C. 自平行四邊形上任意點作三直綫,分本形爲四等分。

設平行四邊形 $ABCD$,任意點 E,求作自 E 引三直綫,分本形爲四等分。

作法:自 E 引一直綫,分此形爲二等分,則所作之三直綫,爲所求之綫。

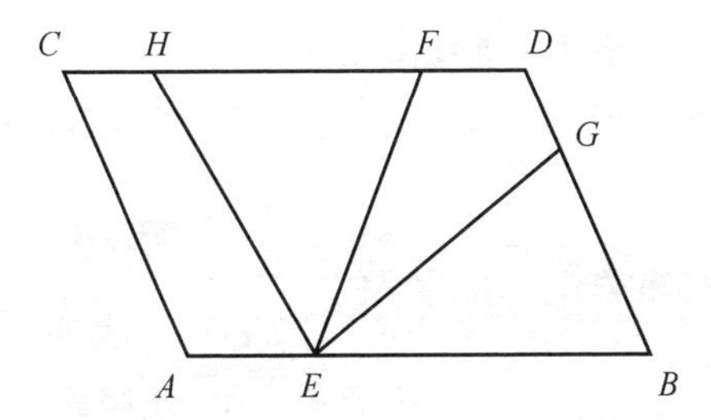

設：

梯形 $AEFC$＝梯形 $EFDB$，

$\triangle EGB$＝四邊形 $EFDG$，

四邊形 $AEHC$＝$\triangle EHF$，

則：

$\triangle EGB$＝四邊形 $EFDG$＝$\triangle EHF$＝四邊形 $AEHC$。

D. 分平行四邊形對角綫爲三等分。

設平行四邊形 $ABCD$，對角綫 AC，求分此綫爲三等段。

作法：DC 之中點 G，作 GB 綫，AB 之中點 H，作 DH 綫，二綫 DH，GB 交 AC 於 E，F，則 AE、EF、FC 三綫段相等。

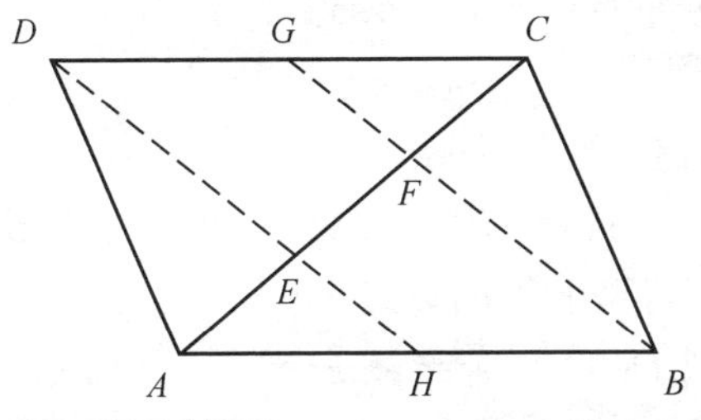

證：$DG=HB$，$HE//BF$，

∴ $\triangle ABF$ 中 AB 邊中點 H，及 AF 邊中點 E，連綫與底邊平行。

∴ $AE=EF$。

同理可得 $EF=FC$，

∴ $AE=EF=FC$。

E. 平行四邊形外一點，作一直綫，分本形爲二等分。

設：平行四邊形 $ABCD$，形外一點 E，求作自 E 引一直綫分本形爲二等分。

作法：作 EC 綫及 EA 綫，成 $\triangle EAC$。於 AC 對邊 BD 上作全等三角形對稱於三角形 EAC 之 FDB 三角形[①]。連 EF 綫，自任意點至對邊相等對稱三角形角頂 F，此綫即所求之綫。

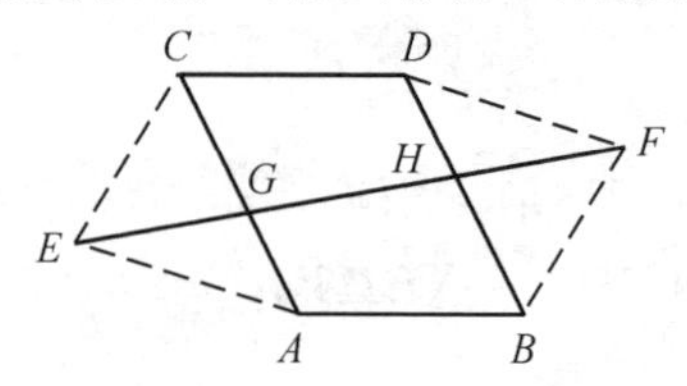

證：

$\triangle ACE \equiv \triangle DBF$，

四邊形 $EABF$ = 四邊形 $ECDF$，

$\triangle DFH \equiv \triangle AEG$，

$\triangle CGE \equiv \triangle BHF$，

$\therefore$ 四邊形 $GHDC$ = 四邊形 $ABHG$。

第二節　梯　形

A. 自梯形平行邊上任意點，作一直綫分本形爲二等分。

1. 先於平行邊上作標準綫，使分二分相等。

設梯形 $ABDC$，CD 延長綫 EG，自 A 引 EG 之垂直綫 AE，自 B 引 EG 之垂直綫 BG。過 AC、BD 之中點 O、O'，作綫 $JK // EA$，$HI // GB$。

① 過點 D 作 EA 的平行綫，過點 B 作 EC 的平行綫，交於點 F，則所得三角形 FDB 與三角形 EAC 對稱。——汪注

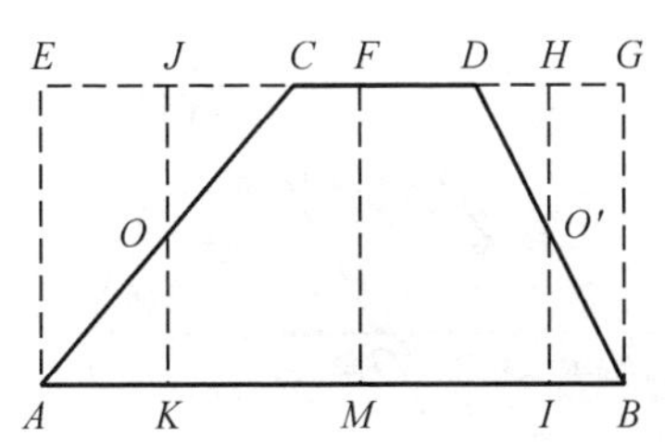

證：EA，JK，FM，HI，GB 皆垂直於 AB，四邊形 $EAKJ$ 和 $HIBG$ 成矩形。

$\therefore \triangle AKO \equiv \triangle CJO$，

$\triangle BIO' \equiv \triangle DHO'$，

$\therefore$ 梯形 $ABDC = \square JKIH$，

作二等分綫 FM，均分矩形 $JKIH$，則

$\square JKMF = \square FMIH$，

梯形 $CAMF =$ 梯形 $FMBD$，

$\therefore$ FM 爲標準綫。

如 FM 不在此形内（察下圖①），則聯結 CM，過點 F 作 $FX'//CM$，交 AC 于 X'，則$\triangle MX'X = \triangle CFX$，$MX'$即標準綫。

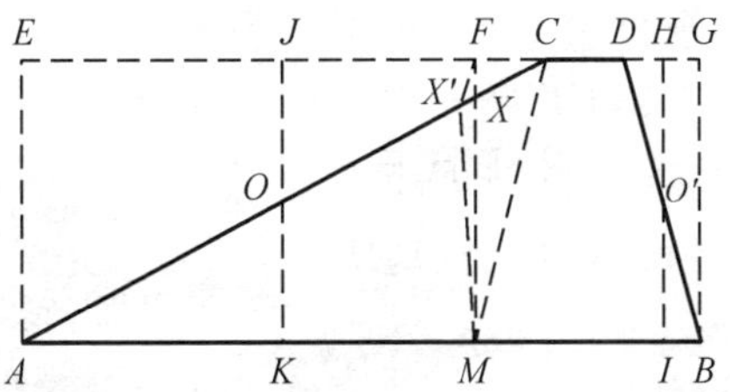

2. 於任意點，作過標準綫中點之直綫，此綫即所求之綫。

設梯形 $ABCD$，標準綫 EF，任意點 G。

作法：作 GE 綫，作 FH 使平行 GE，作 GH 綫，即所求之綫。

---

① 原書圖、文不匹配，編者根據原意，重新繪製了圖形，並補充了作圖法。——汪注

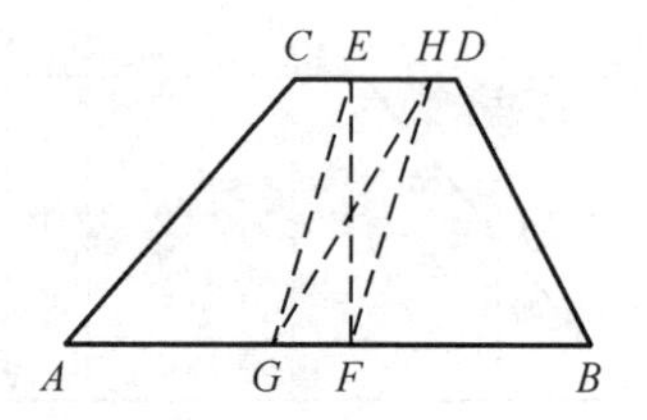

證:

$\because GE//FH$,

$\therefore \triangle GEF = \triangle GEH$,

$\therefore$ 梯形 $ACEF$ = 梯形 $AGHC = \frac{1}{2}$ 梯形 $ABDC$。

如 GH 綫不能畫在梯形 $ABDC$ 内,則可作面積等於 $\triangle DIH$ 的三角形,而以 IG 爲底之三角形,其邊即所求之綫。[①]

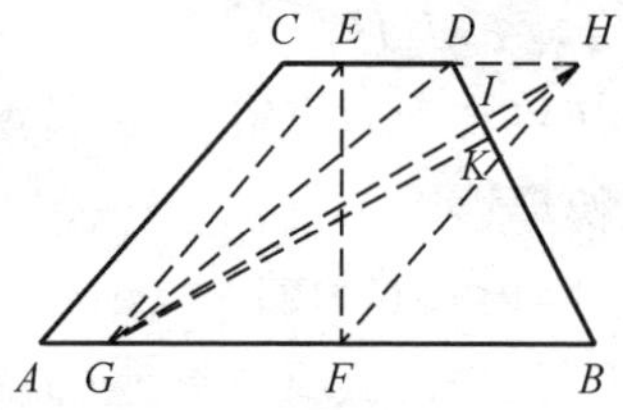

B. 自梯形平行邊上任意點作二直綫,平分本形爲三等分。

設梯形 $ABDC$,EF 綫分本形爲二等分,任意點 E。

作法:每一等分,自點 E 起作二直綫,分本形爲三等分,每二等分連接,其所成形之邊,爲所求之綫。(分法參考本章第三節 B 條)

① 如圖,聯結 GD,過 H 作 HK//GD,交 BD 於 K,於是△GIK 與△DIK 的面積相等。因此 GK 就是所求的梯形的二等分綫。——汪注

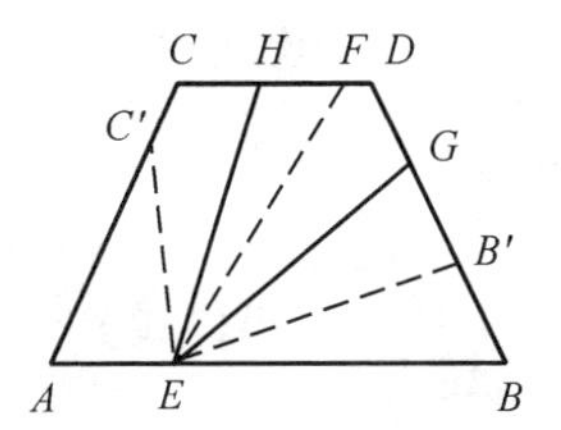

證：

$\triangle EBB'=\triangle EB'G=$四邊形 $EFDG=\triangle EHF=$四邊形 $EC'CH=\triangle AEC'$。

$\therefore$ $\triangle EBB'+\triangle EB'G=$四邊形 $EFDG+\triangle EHF=$四邊形 $EC'CH+\triangle AEC'$。

$\therefore$ EH 和 EG 二綫分本形爲三等分。

C. 梯形對角綫上，作一直綫，使綫端皆在對角綫上，而其長等於上、下兩底相差之半。

設梯形 $ABCD$，對角綫 AC，BD。

作法：於 AC、BD 綫上中點 K、L 連接成綫，即所求之綫。

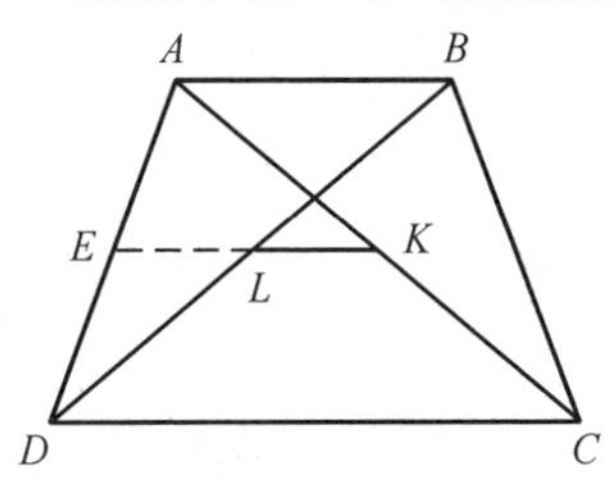

證：

$$KE=\frac{1}{2}CD,$$

$$LE=\frac{1}{2}AB,$$

$$\therefore\ KL=KE-LE=\frac{1}{2}(CD-AB)。$$

第三節　任意四邊形

A. 自任意四邊形角頂起,作一直綫,分本形爲二等分。

設所設四邊形 $ABCD$,DB、AC 爲其形之對角綫,求自角 A 起,作一直綫,分本形爲二等分。

作法:分對角綫 DB 於點 O,使 $DO=BO$。作 EO 使平行 AC,與 BC 邊交於 E 點,作 AE 綫,所求之綫。

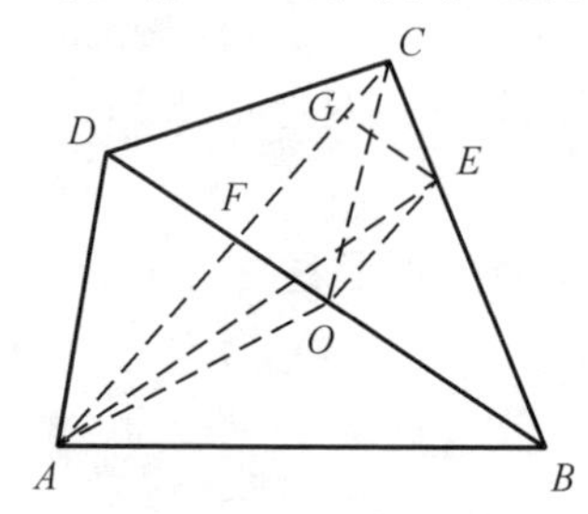

證:

$$AC\times DB=AC\times(DO+BO),$$

$$AC\times DO=AC\times BO,$$

$$DF+FO=DF+GE=DO,$$

$$AC\times DO=AC\times(DF+GE)=AC\times OB,$$

$\therefore$ 四邊形 $ADCE=\triangle AEB$。

B. 自任意四邊形角頂起,作二直綫,分本形爲三等分。

設任意四邊形 $ABCD$,求由 A 作二直綫,分此形爲三等分。

作法:作 AC 對角綫,由點 B 及點 D 引 AC 之垂綫 BK,DL,過點 B,點 D 引 AC 之平行綫 BE,DF。

作 BE,DF 之垂直綫 EF,三均 EF 於點 G,點 H。過點 G,點 H 作 AC 之平行綫,與 BC,CD 交於點 I,點 J,作 AI,AJ 兩綫,即爲所求之綫。

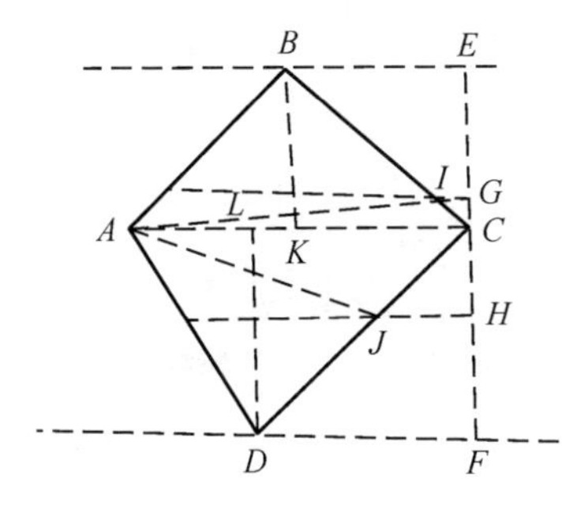

證：

$$四邊形 ABCD=\triangle ABC+\triangle ADC,$$

$$\triangle ABC=\frac{1}{2}AC\times BK,$$

$$\triangle ADC=\frac{1}{2}AC\times DL,$$

$$\therefore \triangle ABC+\triangle ADC=\frac{1}{2}AC\times BK+\frac{1}{2}AC\times DL$$

$$=\frac{1}{2}AC(BK+DL)。$$

而　$BK+DL=EF$,

∴　$\triangle ABC+\triangle ADC=\frac{1}{2}AC\times EF$。

而　$\triangle AIC+\triangle AJC=\frac{1}{2}AC\times\frac{1}{3}EF=\frac{1}{6}AC\times EF$,

∴　$\triangle AIC+\triangle AJC=\frac{1}{3}(\triangle ABC+\triangle ADC)$。

（原刊《無錫縣立初級中學校甲戌春季級畢業紀念刊》,無錫協成印務局 1934 年）

編者説明:據原刊録編,原刊文後編者按云:"本篇共七章,現因篇幅有限,故擇要刊登,餘忍痛割愛,尚希閱者諒之。"僅發表此四章,餘今散佚不見。

數學難題新解

目　録

自　序

吾國人思想鮮加分析與組合，一事一物輒知其然而不知其所以然，此科學思想之遲遲亦其一因也。今以數學一端而論，西數入爲科學之一種，而國數則僅可爲零碎知識，不足成爲一專門學術性。其建樹如韓信點兵、仙人撫影、堆垛、量梱、商功、盈朒、環田截積、圭田截積，亦極精深。何也？蓋一學科之成立視其内容有無組織系統條理，而後演之於形式，實用能否符合貫通，而其淺深問題尚在次也。

國數之缺點，在於專攻數學之形式，而略於其内容，今以分類法理明晰之西數，分爲算術、幾何、代數、三角、解析幾何、微積分等，依數理之内容而分；國數分爲方田、粟布、衰分、少廣、商功、均輸、盈朒、方程、句股等，大體以數學形式而分，且其分類之間無顯然之鴻溝，不能互相排拒；如句股、粟布其分類法，根本用兩種標準，一爲内容，一爲形式，更就此而推演，則其系統組織亂矣。

所謂數之形式者，如粟布爲數題上應用之名詞，句股爲數理上應用之名辭，前者爲形式名詞，後者爲内容名詞，形式常變，内容則一；故如難題盈朒中一至七大抵爲聯立方程，應列入方程，而方程章中四題明係方程，而柳下居士謂當列入衰分,此皆形式之誤也。

其實“九章”:方田大體包括幾何面積一部,粟布大體包括數學四則及代數聯立方程一部,衰分大體包括代數分數及級數,少廣大體包括幾何面積及舊法開方一部,商功大體包括數學四則一部,均輸大體包括算術四則及代數一元及二元方程式,盈朒大體包括聯立方程式,方程全係代數聯立方程式一部,而以算法演之,故《九章算術》之概括當不逭今日之西數也。

更有好奇者著述數書,往略其淺,僅存其深,復雜入“河圖洛書”、陰陽干支,若玄機妙理,非常人所能領悟者,初學者見之則覺目眩神迷,不敢試習矣,是則爲數學上之障礙也。

然則國數果無價值乎,小子後生何敢妄言,其所演之法,亦有簡捷之處,惟待吾人之組織分析耳。

余於課暇,意欲編輯斯書,將古代算法源流揭出,使其形式内容有企新應用之精神,名之曰《九章整理》。諒以奔走少暇,心緒不寧,不克遂斯願;於書篋中忽得《九章》難題舊本,因用西法解之,俾讀者得按解法,略見西數、國數之一斑;而爲余研述數書之先,引其中題詞歌訣,巧相雕琢,亦可略供茶餘一笑,至於錯誤之處,還祈海内洪達指摭焉。

中華民國念柒年清和月
懷冰室主劉操南寫於海上親舍

第一章　方　田

1. 昨日丈量田地回，記得田長三十步，廣斜之步共五十，不知幾畝幾零數。

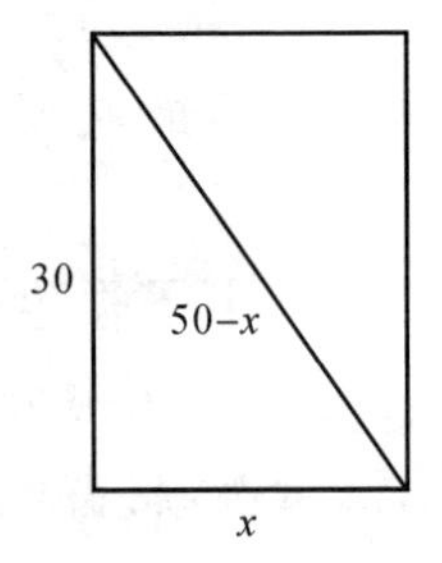

解：x 代廣長，則 $50-x$ 代斜長。依句股公式

$$30^2+x^2=(50-x)^2$$

$$100x=1600,$$

$$x=16。$$

依矩形面積＝底乘高，得 16 步×30 步＝480 步^2。每畝 240 步^2，則 $480\div240=2$。

答：2 畝。

法：置廣斜相併五十步自乘，得二千五百步；另以長三十步自乘，得九百步；兩相減，餘一千六百步折半，得八百步爲實，以廣斜五十步爲法除之，得闊一十六步以乘長三十步，得四百八十步以畝法二四除之，合問。

2. 三十八萬四千步，正長端的無差誤，六絲二忽五微闊，不知共該多少數。

解：384000×0.000625＝240。

答：1畝。

法：置長三十八萬四千步爲實，以闊六絲二忽五微爲法乘之，得二百四十步以畝法二四除之，合問。

3. 一段環田徑不知，二周相併最幽微，皆知一畝無零積，一百六十不差池，三般可以見端的，祇要賢家仔細推。

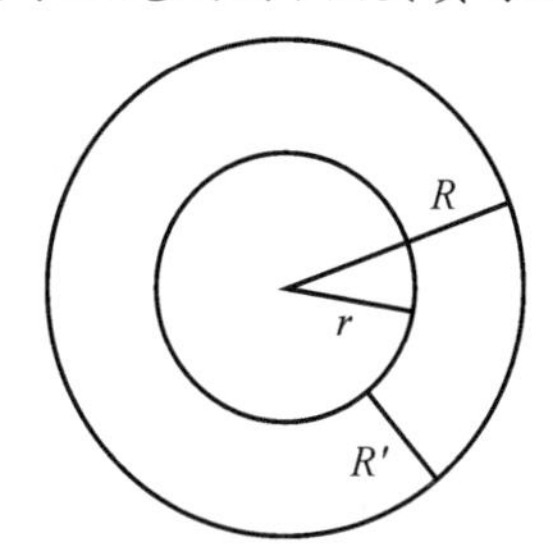

解：R代外圓半徑，r代内圓半徑，R'代環半徑，依幾何公式

圓面積＝πr^2，

圓周長＝$2\pi r$，

$$\begin{cases}\pi R^2-\pi r^2=240, & (1)\\ 2\pi R+2\pi r=160。 & (2)\end{cases}$$

由(1)和(2)分别得

$$\pi(R-r)(R+r)=240, \quad (3)$$

$$2\pi(R+r)=160。 \quad (4)$$

由(4)得

$$R+r=\frac{80}{\pi}。 \quad (5)$$

將(5)代入(3)得

$$\pi\times\frac{80}{\pi}(R-r)=240,$$

$$R-r=3。\qquad(6)$$

(5)+(6)得

$$R+r=\frac{80}{\pi},$$

$$\frac{R-r=3}{2R=\frac{80}{\pi}+3},$$

$R=14.232$。 外圓半徑

(5)－(6)得

$$R+r=\frac{80}{\pi},$$

$$\frac{R-r=3}{2r=\frac{80}{\pi}-3},$$

$r=11.232$。 内圓半徑

$$R-r=14.232-11.232=3。$$

答:環田徑三步,外圓周長 $2\pi R=2\times3.1416\times14.232=89.41966$(步),内圓周長 $2\pi r=2\times3.1416\times11.232=70.57290$(步)。

法:通田一畝得二百四十步爲實,另以二周相併一百六十步折半,得八十步爲法除之,得徑三步,以三步自乘,得九步以減八十步餘七十一步爲内周,以之減總一百六十餘得外周八十九步,合問。

上舊法極簡便,理亦極深,惟不知古人由何着手;余於西法解之,上半合理,下半自"以三步自乘"句下,則不合理矣,分解如下:

$$\text{環田徑}=\frac{\text{环田积}}{\text{二周相併折半}}=\frac{\pi R^2-\pi r^2}{(2\pi R+2\pi r)/2}$$

$$=\frac{\pi(R+r)(R-r)}{\pi(R+r)}=R-r=R'。$$

合理。

以三步自乘，得九步以減八十步餘七十一步，爲内周句，立式化解之如下：

$$\frac{(2\pi R+2\pi r)}{2}-R^2=\pi(R+r)-(R-r)^2$$

$$=\pi(R+r)-(R^2-2Rr+r^2)\neq 2\pi r。$$

不合理。

昔柳下居士曰：陳泗源先生云，周徑自乘句有弊，當用六因徑，得十八爲較，以減周總，折半而得内周，内周減周總爲外周。余按自乘斷不可用，然名爲自乘，實三因徑耳；其所得者爲半較，陳用六因，所得者爲全較，其實一也。此語可略改前非，然以爲咸皆未能確定數理之因果關係，而妄自臆斷，湊合成數，不足爲通法也。

4. 一段環田余久慮，衆説分明亦有誰人悟，忘了二周併徑步，人道二周不及爲零處，七十有餘單二步，三事通知，分明五畝二分無零數，玄機奥妙堪思慕。

解：設法同上題。由已知得

$$\begin{cases}\pi R^2-\pi r^2=1248, & (1)\\ 2\pi R-2\pi r=72。 & (2)\end{cases}$$

(1)÷(2)得

$$\frac{\pi(R+r)(R-r)}{2\pi(R+r)}=\frac{1248}{72},$$

$$3(R+r)=104。\tag{3}$$

由(2)得

$$R-r=\frac{72}{2\pi}。\tag{4}$$

(4)×3 得

$$3R-3r=\frac{216}{2\pi}。$$

(3)+(4)×3 得

$$6R=104+\frac{216}{2\pi},$$

$$R=\frac{138.377}{6}=23.063。$$

(3)−(4)×3 得

$$6r=104-\frac{216}{2\pi},$$

$$r=\frac{69.623}{6}=11.6038。$$

故得

環徑 $R'=R-r=23.063-11.6038=11.4592$(步)。

内周 $2\pi r=2\times3.1416\times11.6038=72.90899616$(步)。

外周 $2\pi r=2\times3.1416\times23.063=144.9094416$(步)。

校對 144.9094−72.9089=72.0005(步),與二周不及七十有餘單二步,相近無訛。

法:以畝法通田五畝二分,得一千二百四十八步,倍之,得二千四百九十六步爲實,以不及七十二步,以六除,得徑一十二步爲法除之,得二百零八步,以減不及七十二步,餘一百三十六步,折半,得内周六十八步,加不及七十二步,得外周一百四十步,合問。

5. 長十六,闊十五,不多不少恰一畝,内有八個古墳墓,更有一條十字路,闊一步。每個墓,周六步;十字路,闊一步。每畝價銀二兩五,除了墓,除了路,問君該償多少數。

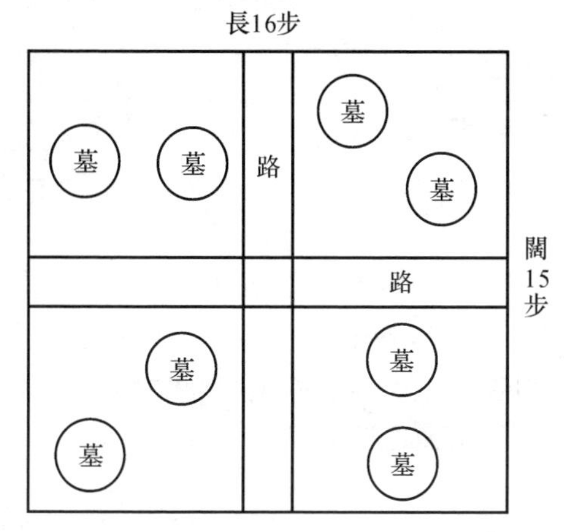

解:每座墓的周長爲 $2\pi r=6$,故半徑 $R=\dfrac{3}{\pi}$。

$$\pi R^2=\pi\left(\frac{3}{\pi}\right)^2=\frac{9}{\pi}=3(\pi\text{ 作 }3)。$$

八墓佔地 $3\times8=24$(步),

二路佔地 $16+14=30$(步),

剩地 $240-54=186$(步),或 $186\div240=0.775$(畝)。

答:價銀 $0.775\times2.5=1.9375$(兩)。

法:通田一畝爲二百四十步於上,另置墓八個,以每墓周六步自乘,得三十六步,以十二除之,得三步,八墓共積二十四步。又十字路闊一步,各長一十五步和一十六步,二路共三十一步,除路中心一步,實三十步。加八墓共二十四步,通共占地五十四步,以畝法二四除之,得二分二釐五毫爲占地數,以每畝價銀二兩五錢乘之,得剩地價銀一兩九錢三分七釐五毫,合問。

6. 今有直田不知畝，長闊相和十七步，平不及長廿五尺，請問田該多少數。

解：設 x 代闊，y 代長，則

$$\begin{cases} x+y=17, \\ x+5=y。\end{cases}$$

解得 $x=6, y=11$。

答：直田面積 $xy=6\times 11=66$（步），或 $66\div 240=0.275$（畝）。

法：置相和，一十七步減不及五步，餘一十二步，折半，得六步爲闊，以減和十七步，餘十一步爲長，長闊相乘，得六十六步。以畝法除之，合問。

第二章　粟　布

1. 啞子來買肉，難言錢數目，一斤少四十，九兩多十六，試問能算者，給予多少肉。

解：x 代每兩肉價，y 代錢總數，則得

$$\begin{cases} 16x = y + 40, & (1) \\ 9x = y - 16。 & (2) \end{cases}$$

(1)－(2)得

$$7x = 56。$$

故得

$$x = 8。 \tag{3}$$

(3)代入(1)得

$$16 \times 8 = y + 40,$$

$$y = 88。$$

答：錢總數 88 文，每兩肉 8 文，共買 11 兩。

法：置少四十加多十六共五十六爲實，以多十六減九兩餘七爲法除之，得八文，欲以九兩因之，得七十二，加多十六，共得原錢八十八文，以八歸之，得肉一十一兩，合問。

2. 有一公公不記年，手持竹杖在門前，借問公公年幾歲，家中數目記分明，一兩八銖泥彈子，每歲盤中放一丸，日久歲深經

雨濕，總然化作一團泥，稱重八斤零八兩，加減方知得幾年。

解：$8.5\times384\div(24+8)=102$。

答：公公 102 歲。

法：置總八斤半，以每斤三百八十四銖乘之，得三千二百六十四銖爲實，以每歲一兩作二十四銖加入八銖共三十二銖爲法除之，合問。

3. 白麵秤來四斤，使油一斤相和，今來有麵九斤多六兩五錢不錯，已用香油和合，二斤十二無訛，再添多少麵來和，不會應須問我。

解：x 代添麵數，則有

$$4\times16:16=(9\times6+96.5+x):(2\times16+12);$$

$$4:1=(150.5+x):44;$$

$$176=150.5+x;$$

$$x=25.5。$$

答：應添麵 25.5 兩或一斤九兩五錢。

法：異乘同除法，置今有油二斤十二兩先將十二化爲七五餘二斤之次，以乘原麵四斤，得麵一十一斤爲實，以原用油一斤爲法除之，如故，仍得實麵一十一斤，減去已用麵九斤六兩五錢，餘爲添麵一斤九兩五錢，合問。

4. 三石五斗粟，曾換芝麻三石足，又有五斗五升蘇，換來小麥量八斗，今有小麥換粟米，九石六斗無零數。

解：x 代换米数，則

$$24x=183.8,$$

$$x=7.66。$$

答：换米 7.66 石。

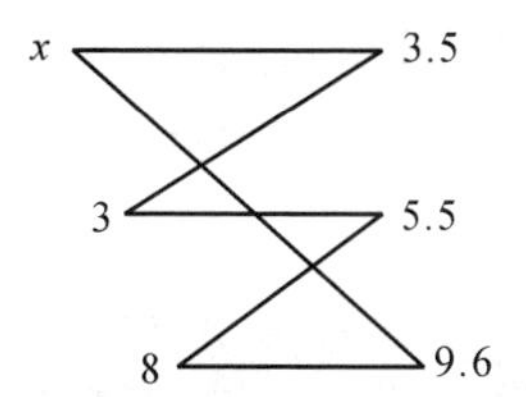

解題曰:假如有粟米三石五斗換芝麻三石,又如芝麻五斗五升換折小麥八斗,今卻有小麥九石六斗要換粟米,問該若干。法用異乘同乘法,置今有小麥九石六斗以乘,所問芝麻五斗五升得五石二斗八升,再以粟米三石五斗乘之,得一十八石四斗八升爲實,又用異乘同除法,置所换芝麻三石以乘小麥八斗得二石四斗爲法除之,得粟米七石七斗,合問。

法:同置米三石五斗爲實,以換蔴三石以法除之,得蔴每石换米一石一斗有零,其蔴五斗五升换麥八斗,則置蔴五斗五升以每石折米,一石一斗有零乘之,得米六斗四升有零爲實,以换麥八斗爲法除之,得麥每石折米八斗有零,其今有麥九石六斗换米,問該幾何,乃置麥九石六斗,以麥每石折米八斗零乘之,得米七石七斗,此乃一乘一除,用法之常理也。蓋因除法多有畸零,故前法用總乘。然後總除耳。

5. 甲釧九成二兩,乙釵七色相同,李銀鋪内偶相逢,各欲改成器用,其子未詳所以,誤將一處銷鎔,當時悶惱李三翁,又把算師擾動。

解:

$$甲該分\ 4\times\frac{9}{9+7}=4\times\frac{9}{16}=2.25(兩),$$

$$乙該分\ 4\times\frac{7}{9+7}=4\times\frac{7}{16}=1.75(兩)。$$

法:置甲金二兩折足色一兩八錢,乙金七成二兩折足色一兩四錢，併之得足色三兩二錢，以原金共四兩歸之，得八色，即以八爲法，除甲一兩八錢得甲金二兩二錢五分，除乙一兩四錢得乙金一兩七錢五分，合問。

6. 肆中聽得語吟吟，薄酒名醨厚酒醇，好酒一瓶醉三客，薄酒三瓶醉一人，共同飲了一十九，三十三客醉醺醺，試問高明能算士，幾多醨酒幾多醇。

解：x 代好酒，y 代薄酒，則

$$\begin{cases} x+y=19, & (1) \\ 3x+\dfrac{y}{3}=33。 & (2) \end{cases}$$

由(2)得

$$9x+y=99。 \quad (3)$$

(3)－(1)得

$$8x=80,$$

$$x=10。 \quad (4)$$

(4)代入(1)得

$$y=9。$$

答：好酒 10 瓶，薄酒 9 瓶。

法：置一瓶三人，三瓶一人，十九瓶三十三人，先以右上一瓶互乘左中一人得一人，又以左上三人互乘右中三瓶得九瓶，相減餘八瓶爲法；另以右中三瓶互乘左下三十三人得九十九人，另以左上三人乘右中三瓶得九瓶，再乘共酒一十九瓶得一百七十一人，内減九十九人餘七十二人爲實，以法八瓶除之，得薄酒九瓶以減總酒，後得好酒十瓶，合問。

7. 二丈四長尺八闊，四兩半銀休打脱，三丈六長尺六闊，該銀多少要交割。

解：x 代銀數，則

$$24\times1.8:4.5=36\times1.6:x;$$

$$43.2x=259.2;$$

$$x=6。$$

答：銀 6 兩。

法：用異乘同除法，置令長三丈六尺闊一尺六寸相乘，五丈七尺六寸以乘賣銀四兩五錢得二百五十九兩二錢爲實；以原長二丈四尺闊一尺八寸相乘，得四丈三尺二寸爲法除之，合問。

8. 足色黄金整一斤，銀匠誤侵四兩銀，斤兩雖然不嘗耗，借問卻該幾色金。

解：

$$\frac{16}{16+4}\times\frac{100}{100}=\frac{80}{100}。$$

答：金色 8 成。

法：置金一十六兩爲實，另以金加銀四兩共二十兩爲法除之，合問。

9. 足色紋銀十二兩，欲傾八成預付量，斤兩雖然添得重，入銅多少得相當。

解：x 代添銅數，則

$$\frac{12}{12+x}=0.8;$$

$$3=0.24+0.2x;$$

$$0.6=0.2x;$$

$$x=3。$$

答：添銅 3 兩。

法：置紋銀一十二兩以八色歸之，得一十五兩。減原銀十二兩餘入銅三兩，合問。

10. 一斤半鹽換斤油，五萬斤鹽載一舟，斤兩内除相爲換，須教二色一般籌。

解：

$$\frac{50000}{1+1.5}=20000(\text{斤})。$$

答：鹽 20000 斤。油 20000 斤，即合鹽 30000 斤，爲 50000 斤鹽也。

法：置總鹽五萬斤爲實，併鹽油共二斤半爲法，除得各二萬斤，合問。

11. 皇城内，丹墀中，周圍有八里，鋪金二寸深，方寸十六兩，稱來有一斤，不知多少數，特來問緣因。

法：置周八里以四歸之，得每面二里自乘得四里又以每里三百六十步乘之，得一千四百四十步以每步二千五百寸乘之，得三百六十萬寸又以深二寸因之，得七百二十萬寸即七百二十萬斤金也，合問。

按：此條法數俱誤，宜先以二里化步，然後自乘，乃以二里自乘，始化步，其數天淵矣，今改正如後：

解：

$$(2\times360\times50)^2\times2=36000\times2$$
$$=2592000000(\text{斤})。$$

答：共重 2592000000 斤。

法：以每面二里用三百六十步乘之，化得七百二十步自乘，得五十一萬八千四百步,以每步二千五百寸乘之,得一十二億九千六百萬寸倍之,以深二寸故也,得二十五億九千二百萬寸即二十五萬億九千二百萬斤也,得數之懸絶,乃至於此。

按舊法甲先以二里自乘化步,固誤,而舊法二里化步而不化寸,亦誤。宜先里化步化尺化寸後而自乘。

12. 客向新街糴米,共量八十四石,一千二百七十知石價,盡依鄉例,雇小車搬運,裝錢三百三十,脚言家内缺糧食,衹據原錢要米。

解:總米價　1270×84=106680(文)。

客米　106680÷(330+1270)=66.675(石)。

脚米　84-66.675=17.325(石)。

答:脚米 17.325 石,客米 66.675 石。

法曰:此乃就物抽分之法也,置米八十四石以價一千二百七十文乘之,得一十萬零六千六百八十文爲實,併石價脚錢共一千六百文爲法除實,得客米數以減總米,餘爲脚米,合問。

第三章　衰　分

1. 净揀棉花彈細，相和共雇王孀。九斤十二是張昌，李德五斤四兩，紡訖織成布匹，一百八尺曾量，兩家分布要明彰，莫教些兒偏向。

解：張昌出棉 $9\times16+12=156$(兩)，

李德出棉 $5\times16+4=84$(兩)。

張得 $108\times\dfrac{156}{156+84}=70.2$(尺)，

李得 $108\times\dfrac{84}{156+84}=37.8$(尺)。

法：列各衰，各以兩法通之，張昌九斤十二兩通得一百五十六兩，李德五斤四兩通得八十四兩，相併得二百四十兩爲法；以織布一百零八尺，乘張一百五十六兩得一千六百八十四丈八尺，乘李八十四兩得九百零七丈二尺各爲實；以法除之，張得七丈二寸，李得三丈七尺八寸，合問。

2. 趙嫂自言快績麻，李宅張家雇了她，李宅六斤十二兩，二斤四兩是張家，共織七十二尺布，二人分布閙喧嘩，借問高明能算者，如何分得布無差。

解：

李宅出麻 $6\times16+12=108$(兩)，

張家出麻 $2\times16+4=36$(兩)。

李得 $72\times\frac{108}{108+36}=54$(尺)，

張得 $72\times\frac{36}{108+36}=18$(尺)。

法：置共織布七十二尺爲實，以二家麻化兩，李六斤十二兩以斤加六，得一百零八兩；張二斤四兩以斤加六，得三十六兩，共一百四十四兩爲法除之，每兩五寸以乘各出麻，合問。

3. 有個學生資性好，一部《孟子》三日了，每日增添一倍多，問君每日讀多少。(解題：《孟子》字數三萬四千六百八十五字。)

解：依大代數幾何級數法解之。

$n=3, r=2, S=34685$

$$S=\frac{a(r^n-1)}{r-1},$$

$$34685=\frac{a(2^3-1)}{2-1}。$$

答：第一日讀 $a=34685/7=4955$(字)，

第二日讀 $ar=4955\times2=9910$(字)，

第三日讀 $ar^2=4955\times2^2=19820$(字)。

法：置一、二、四併爲七衰爲法，以《孟子》字數三萬四千六百八十五字爲實，以法除之，得四千九百五十五字爲初日讀字數，倍之爲次日讀九千九百一十字，遞倍之爲三日讀一萬九千八百二十字，合問。

4. 三百七十八里關，初行健步不爲難，次日脚痛減一半，六朝纔得到其關，要見每朝行里數，請公仔細算相還。

解：依幾何級數法解之。

$n=6, r=2, S=378,$

$$S=\frac{a(r^n-1)}{r-1},$$

$$378=\frac{a(2^6-1)}{2-1},$$

$a=378\div63=6$。

答：第一日 $ar^5=6\times2^5=6\times32=192$（里），

第二日 $ar^4=6\times2^4=6\times16=96$（里），

第三日 $ar^3=6\times2^3=6\times8=48$（里），

第四日 $ar^2=6\times2^2=6\times4=24$（里），

第五日 $ar=6\times2=6\times2=12$（里），

第六日 $a=6$（里）。

法：置三百七十八里爲實，列置衰一、二、四、八、十六、三十二併得六十三衰爲法除實，得六里爲第六日之數，遞加一倍得五日一十二里，四日二十四里，三日四十八里，次日九十六里，初日一百九十二里，合問。

5. 遠遠巍巍塔七層，紅光點點倍加增，共燈三百八十一，請問尖頭幾盞燈。

解：依幾何級數法解之。

$S=381, n=7, r=2, a=?$

$$S=\frac{a(r^n-1)}{r-1},$$

$$381=\frac{a(2^7-1)}{2-1},$$

$a=381\div127=3$。

答:尖頭3盞燈。

法:置共燈三百八十一盞爲實,列置一、二、四、八、十六、三十二、六十四併之,得一百二十七衰爲法除實得三爲頂層燈數,各加倍得各層燈數,合問。

6. 八馬九牛十四羊,趕在村南牧草場,吃了人家一段穀,認定賠他六石糧,牛一隻,比二羊,四牛二馬可賠償,若還算得無錯誤,姓字超群到處揚。

解:2牛=4羊=1馬,

$$羊賠\ 6\times\frac{14}{4\times8+2\times9+14}=6\times\frac{14}{64}=1.3125(石),$$

$$馬賠\ 6\times\frac{4\times8}{4\times8+2\times9+14}=6\times\frac{32}{64}=3(石),$$

$$牛賠\ 6\times\frac{2\times9}{4\times8+2\times9+14}=6\times\frac{18}{64}=1.6875(石)。$$

法:置米六石爲實,另置馬八以四因,得三十二衰,牛九以二因,得一十八衰,羊一十四衰,併得六十四衰爲法除之,得九升三合七勺五撮爲一羊所吃穀應賠之數,爲法遍乘各衰,先以羊一十四乘之,得一石三斗一升二合五勺爲羊主賠數,又以牛衰十八乘之得一石六斗八升七合五勺爲牛主賠數,又以馬衰三十二乘之得三石爲馬主賠數,合問。

7. 公侯伯子男,五四三二一,假有金五秤,依率要分訖。

解:每秤15斤。

$$公得\ 75\times\frac{5}{5+4+3+2+1}=75\times\frac{5}{15}=25(斤),$$

$$侯得\ 75\times\frac{4}{5+4+3+2+1}=75\times\frac{4}{15}=20(斤),$$

$$伯得\ 75\times\frac{3}{5+4+3+2+1}=75\times\frac{3}{15}=15(斤),$$

$$子得\ 75\times\frac{2}{5+4+3+2+1}=75\times\frac{2}{15}=10(斤),$$

$$男得\ 75\times\frac{1}{5+4+3+2+1}=75\times\frac{1}{15}=5(斤)。$$

法:置金五秤以每秤一十五斤乘,得七十五斤爲實;列公五侯四伯三子二男一副併得一十五爲法除實;得五斤爲男所得數,加五得十斤爲子所得數,再加五得一秤爲伯所得數,又加五得一秤零五斤爲侯所得數,再加五得一秤一十斤爲公所得數,合問。

8. 九百九十六斤棉,贈分八子做盤纏,次第每人多十七,要將第八數來言,務要分明依次第,孝和休惹外人傳。

解:依大代數代數級數法解之。

$S=996, n=8, d=17,$

$$S=\frac{n}{2}[2a+(n-1)d],$$

$$996=\frac{8}{2}[2a+(8-1)\times 17],$$

$a=65$。

答:

八子得 $a=65$(斤),

七子得 $a+d=82$(斤),

六子得 $a+2d=99$(斤),

五子得 $a+3d=116$(斤),

四子得 $a+4d=133$(斤),

三子得 $a+5d=150$(斤),

二子得 $a+6d=167$(斤),

長子得 $a+7d=184$(斤)。

法:置七衰一、二、三、四、五、六、七併得二十八衰爲實,以多十七乘之,得四百七十六以減總棉數,餘五百二十以八子除之,得六十五斤爲第八子數加十七得八十二斤爲七子數,仿此遞加十七至長子,合問。

9. 一個公公九個兒,若問生年總不知,自長排來增三歲,共年二百七歲期,借問長兒多少歲,各兒歲數要詳推。

解:依代數級數法解之。

$S=207, n=9, d=3,$

$$S=\frac{n}{2}[2a+(n-1)d],$$

$$207=\frac{9}{2}\times(2a+8\times3),$$

$a=11$。

答:

九兒 $a=11$(歲),

八兒 $a+d=14$(歲),

七兒 $a+2d=17$(歲),

六兒 $a+3d=20$(歲),

五兒 $a+4d=23$(歲),

四兒 $a+5d=26$(歲),

三兒 $a+6d=29$(歲),

二兒 $a+7d=32$(歲),

大兒 $a+8d=35$(歲)。

法:列八衰一、二、三、四、五、六、七、八各以差三歲因之爲各人之衰數,長兒因得三,次兒因得六,三兒因得九,四兒因得十二,五兒因得十五,六兒因得一十八,七兒因得二十一,八兒因得二十四,併八衰得一百零八數以減總二百零七歲餘九十九歲以九人除之,得一十一歲爲九兒之數,以次遞加三歲,得八兒一十四歲,七兒一十七歲,六兒二十歲,五兒二十三歲,四兒二十六歲,三兒二十九歲,次兒三十二歲,長兒三十五歲,合問。

10. 甲乙丙丁戊己庚,七人錢本不均平,甲乙念三七錢銀,念六一錢戊己庚,惟有丙丁銀無數,要依等第數分明,請問先生能算者,細推詳算莫差争。

解:

甲＋乙＝23.7(兩),

丙＋丁＝?

戊十己＋庚＝26.1(兩)。

$$a+a+d+a+2d=26.1, \tag{1}$$

$$a+5d+a+6d=23.7。 \tag{2}$$

由(1)得

$$a+d=8.7。 \tag{3}$$

由(2)得

$$2a+11d=23.7。 \tag{4}$$

解得

$d=0.7$①, $a=8$。

答:甲 $a+6d=12.2$(兩),

乙 $a+5d=11.5$(兩),

丙 $a+4d=10.8$(兩),

丁 $a+8d=10.1$(兩),

---

① 原書误爲"7"。——汪注

戊 $a+2d=9.4$(兩),

己 $a+d=8.7$(兩),

庚 $a=8$(兩)。

法:置戊、己、庚三人添一爲四,以三乘之,得十二,折半,得六,減去三,餘三,爲下差率;另以甲、乙二人乘總七人得十四,減去下差率三,餘得十一爲上差率。列戊、己、庚三甲、乙二互餘三得六,二十六兩一錢得五十三兩三錢,餘十一三十三,二十三兩七錢得七十一兩一錢。先以左上二互乘右中三得六,又以左上二乘右下二十六兩一錢得五十二兩二錢,次以右上三乘左中十一得三十三,以減去右中六餘二十七爲法,又以右上三乘左下二十三兩七錢得七十一兩一錢,減去右下五十二兩二錢餘一十八兩九錢爲實。以法二十七除之,得七錢爲一差之數。另置甲、乙共銀二十三兩七錢,加入差七錢,共二十四兩四錢,折半得一十二兩二錢,爲甲所得數。除差七錢,餘一十一兩五錢是乙銀,各減七錢得各數。

勿庵法曰:置戊、己、庚共銀二十六兩一錢,以三人爲法除之,得八兩七錢爲己數,倍之,得十七兩四錢,爲戊、庚共數。以減甲、乙共數二十三兩七錢,餘六兩三錢爲實。卻以甲至乙多五衰,乙至己多四衰,爲法除之,得七錢爲一衰之數,以遞加己數,得上五位,以減己數,得庚數。

11. 家有九節竹一莖,爲因盛米不均平,下頭三節三升九,上梢四節貯三升,惟有中間二節竹,要將米數次第盛,若是先生能算法,也教算得到天明。

解:依代數額數法解之。

$$\begin{cases}a+a+d+a+2d=39, & (1)\\ a+5d+a+6d+a+7d+a+8d=30。 & (2)\end{cases}$$

由(1)得

$$a+d=13。\qquad (3)$$

由(2)得

$$2a+13d=15。\qquad (4)$$

(3)×2 得

$$2a+2d=26。$$

2×(3)－(4)得

$$-11d=11,$$

$$d=-1。\qquad (5)$$

(5)代入(3) 得

$$a=13+1=14。$$

答:第一節 $a=14$(合),

第二節 $a+d=13$(合),

第三節 $a+2d=12$(合),

第四節 $a+3d=11$(合),

第五節 $a+4d=10$(合),

第六節 $a+5d=9$(合),

第七節 $a+6d=8$(合),

第八節 $a+7d=7$(合),

第九節 $a+8d=6$(合)。

法:置上四節加一爲五,與四乘,得二十,折半,得一十,減去四,餘得六,爲下差率。另以下三節以總九節乘之,得二十七,減去下差率六,餘二十一爲上差率。列置右四左三互餘六得一十八,三升得九分餘二十一得八十四,三升九合得一十五分六釐。先以左上三互乘右中六得一十八,次以右上四互乘左中二十一得八十四,以少減多,餘六十六爲法。復以左上三乘右下三得九分,又以右上四乘左下三升九合得一十五分六釐,減去九分,餘六分六釐爲一節之差教，卻以下三節盛米三升九合爲實。法以六十六乘之，得二百五十七分四釐，以三歸之，得八十五分八釐，是第二節數，加六分六釐爲第一節數，減六分六釐，餘七十九分二釐，爲第三節數。又減去六分六釐餘七十二分六釐爲第四節數，每節次第減六分六釐得各數。以法六十六除之，得第一節容米一升四合，第二節一升三合，三節一升二合，四節一升一合，五節一升，六節九合，七節八合，八節七合，九節六合，合問。

勿庵法曰：置三升九合以下三節爲法除之，得一升三合爲第二節盛米數，倍之二升六合，爲第一節第三節總數，又倍之五升二合與上四節三升相減，餘二升二合爲上四節總差之實，卻以二至六隔衰四、至七隔衰五、至八隔衰六、至九隔衰七共二十二衰爲法除之，得每差一合以加第二節是第一節數，以一合遞減之，得上各節數。

12. 一萬六百八兩銀，四個商人依率分，原銀論遞四六出，休將六折術瞞人。

解題：甲乙丙丁兩兩之比皆四六之比也。

即甲∶乙$=4:6$，乙∶丙$=4:6$，丙∶丁$=4:6$。

設甲$=4$，乙$=6$，則6∶丙$=4:6$，丙$=9$。

9∶丁$=4:6$，丁$=13.5$。

故甲∶乙∶丙∶丁$=4:6:9:13.5$。

答：甲得$10608\times\dfrac{4}{4+6+9+13.5}=1305.6$(兩)，

乙得$10608\times\dfrac{6}{4+6+9+13.5}=1958.4$(兩)，

丙得$10608\times\dfrac{9}{4+6+9+13.5}=2937.6$(兩)，

丁得 $10608\times\frac{13.5}{4+6+9+13.5}=4406.4$(兩)。

解:四六者,乃是每兩加五,故自丁起,遞用加五爲衰,併之爲法,除實。

法:各列置衰甲四、乙六、丙九、丁一十三衰五分,併得三十二衰五分爲法;另以銀一萬零六百零八兩以乘各衰,丁十三衰五分得一十四萬三千二百零八兩,丙九衰得九萬五千四百七十二兩,乙六衰得六萬三千六百四十八兩,甲四衰得四萬二千四百三十二兩。各爲實,以法除之,得丁四千四百零六兩四錢,丙得二千九百三十七兩六錢,乙得一千九百五十八兩四錢,甲得一千三百零五兩六錢,合問。

上解曰"四六者,乃是每兩加五"句,不知其何意,且與題意不合,使模糊不清,反題意難明,而各法列置衰甲四、乙六、丙九、丁一十三衰五分,雖無謬,然特殊而來,未能一見即了然於胸也。

13. 三百六十九斤絲,出錢四客要分之,原本皆是八折出,莫教一客少些兒。

設甲爲 1000,乙爲 $1000\times\frac{8}{10}=800$,丙爲 $800\times\frac{8}{10}=640$,丁爲 $640\times\frac{8}{10}=512$。

答:甲得 $369\times\frac{1000}{1000+800+640+512}=125$(斤),

乙得 $369\times\frac{800}{1000+800+640+512}=100$(斤),

丙得 $369\times\frac{640}{1000+800+640+512}=80$(斤),

丁得 $369\times\frac{512}{1000+800+640+512}=64$(斤)。

法:列各衰甲一千、乙八百、丙六百四十、丁五百一十二,副併得二千九百五十二爲法;另以所分絲三百六十九斤乘各衰,甲一千得三十六萬九千,乙八百得二十九萬五千二百,丙六百四十得二十三萬六千一百六十,丁五百一十二得一十八萬八千九百二十八,各爲實;以法除之,得各人絲,甲一百二十五斤,乙一百斤,丙八十斤,丁六十四斤,合問。

14. 甲乙丙丁戊,分銀一兩五,甲多戊錢三,互和折半與。

設甲、乙、丙、丁、戊分别爲 x、$\frac{4x-13}{4}$、$\frac{2x-13}{2}$、$\frac{4x-39}{4}$、$x-13$,則

$$x+\frac{4x-13}{4}+\frac{2x-13}{2}+\frac{4x-39}{4}+(x-13)=150,$$

$$20x-130=600,$$

$$x=36.5。$$

答:甲得 $x=36.5$(分),

乙得 $\frac{4x-13}{4}=33.25$(分),

丙得 $\frac{2x-13}{2}=30$(分),

丁得 $\frac{4x-39}{4}=26.75$(分),

戊得 $x-13=23.5$(分)。

答:甲多戊 13 分。

法:此互相減半也,置分銀一兩五錢爲實,以例用一分、三分、五分、七分、九分併之,得二錢五分爲法除之,得六錢乃首尾之數,内減甲多戊一錢三分,餘四錢七分,折半,得戊二錢三分五釐,仍加多一錢三分,得甲三錢六分五釐。互和,甲、戊共得六

錢,折半,得丙三錢。互和,加甲三錢六分五釐,共得六錢六分五釐,折半,得乙銀三錢三分二釐五毫,併丙、戊共五錢三分五釐折半,得丁二錢六分七釐五毫,合問。

15. 群羊一百四十,剪毛不憚勤勞,群中有母羊有羔,先剪二羊比較,大羊剪毛斤二,一十二兩羔毛,百五十斤是根苗,子母各該多少。

解:共羊 140 隻,共剪毛 150 斤或 2400 兩。大羊剪毛 18 兩。x 代大羊數,小羊剪毛 12 兩,y 代小羊數。則

$$\begin{cases} x+y=140, & (1) \\ 18x+12y=2400。 & (2) \end{cases}$$

18×(1)－(2)得

$$6y=120,$$

$$y=20。 \quad (3)$$

(3)代入(1)得

$$x=120。$$

答:大羊 120 隻,小羊 20 隻。

法:置羊一百四十,以大羊剪毛一斤二加六爲一十八兩乘之,得二千五百二十兩,以共剪毛一百五十斤亦加六爲二千四百兩相減,餘一百二十兩爲實。另以大羊毛一十八兩減小羊毛一十二兩爲法除之,得小羊二十隻以減總羊,餘得大羊一百二十隻,合問。

按:題字"根苗"二字,改爲"總量",則題意較明。

16. 九百九十九文錢,甜果苦果買千筒,甜果九個十一文,苦果七個四文錢,試問甜果苦果幾個,又問各該幾文錢。

解:x 代甜果,y 代苦果,則

$$\begin{cases} x+y=1000, & (1) \\ \frac{11}{9}x+\frac{4}{7}y=999。 & (2) \end{cases}$$

77×(1)得

$$77x+77y=77000。\quad (3)$$

化(2)得

$$77x+36y=62937。\quad (4)$$

(3)−(4)得

$$41y=14068,$$

$$y=343。\quad (5)$$

(5)代入(1)得

$$x=1000-343=657。$$

答:甜果 $x=657$(個),

苦果 $y=343$(個),

甜果價$\frac{11}{9}x=\frac{11}{9}\times 657=803$(文),

苦果價$\frac{4}{7}x=\frac{4}{7}\times 343=196$(文)。

法:列九個十一文,七個四文,一千個九百九十九文,先以右上九個互乘左中四文得三十六,次以右中七個互乘左上一十一文,得七十七,以少減多,餘四十一爲長法;又以右中七個互乘左下九百九十九文,得六千九百九十三文,再以左中四文互乘右下一千個得四千,以少減多,餘二千九百九十三文,用長法除之,得七十三爲短法。若求甜果,以七十三乘九個,得甜果六百五十七個;另以七十三乘一十一文,得甜果錢八百零三文,於總果內減六百五十七,餘苦果三百四十三個,於總錢內減八百零三文,餘得苦果錢,合問。(此仙人換影法也。)

17. 四千三百五十鹽,大小船隻要齊肩,五百鹽裝三大隻,三百鹽裝四小船,請問船隻多少數,每隻船裝幾引鹽。

解:x 代大船或小船數,則

$$\frac{500}{3}x+\frac{300}{4}x=4350,$$

$$x=18。$$

答:大船十八隻,

裝鹽 $\frac{500}{3}\times 18=3000$(引),

小船十八隻,

裝鹽 $\frac{300}{4}\times 18=1350$(引)。

法:列置四隻三百、三隻五百,先以左上三隻,互乘右下三百引,得九百,次以右上四隻互乘左下五百,得二千,併之,得二千九百爲法。另置三、四,乘得一十二隻,以乘總鹽,得五萬二千二百爲實,以法除之,得十八,是大、小船隻。先以大船鹽五百因之,得九千,再以船三隻歸之,得鹽三千引;又置小船一十八隻以鹽三百因之,得五千四百,又以船四隻歸之,得鹽一千三百五十引,合問。

18. 鄰家有客亂争喧,相見問其所以然,二百三十六擔貨,程途遠近論船錢,九十五擔六分算,八十五擔四分還,更有五十六擔貨,二分五釐算爲先,祇因剥淺争船價,二兩五錢二分添,請問高明能算者,各人分派免憂煎。

解:甲船錢 $95\times 6\%=5.7$(兩),

乙船錢 $85\times 4\%=3.4$(兩),

丙船錢 $56\times 2.5\%=1.4$(兩),

共錢 $5.7+3.4+1.4=10.5$(兩)。

$$甲該貼\ 2.52\times\frac{5.7}{10.5}=1.368(兩),$$

$$乙該貼\ 2.52\times\frac{3.4}{10.5}=0.816(兩),$$

$$丙該貼\ 2.52\times\frac{1.4}{10.5}=0.336(兩)。$$

法:置甲一貨九十五擔,以每擔貨船脚六分乘之,得五兩七錢;另以乙二貨八十五擔,以每擔船脚四分乘之,得三兩四錢;又以丙三貨五十六擔,以每擔船脚二分五釐乘之,得一兩四錢;併三家船脚一十兩零五錢爲法。以添銀二兩五錢二分爲實,法除實,得二錢四分,是船脚每兩貼剥之數,即用爲法;以乘各船客脚銀數即得,合問。

19. 巍巍古寺在山中,不知寺内幾多僧,三百六十四隻碗,恰合用盡不差争,三人共餐一碗飯,四人共嘗一碗羹,請問先生能算者,都來寺内幾多僧。

解:x 代僧數,則

$$\left(\frac{1}{3}+\frac{1}{4}\right)x=364,$$

$$x=364\div\frac{7}{12}=364\times\frac{12}{7}=\frac{364\times12}{7}=\frac{4368}{7}=624(人)。$$

答:僧數 $x=624$(人),

飯碗 $624\div3=208$(隻),

羹碗 $624\div4=156$(隻)。

法:以三人四人相乘,得一十二人,以乘總碗三百六十四隻,得四千三百六十八爲實;另以三四併之得七爲法除之,得僧數,用三歸得飯碗,用四歸得羹碗,合問。

20. 婦人洗碗在河濱，試問家中客幾人，答曰不知人數目，六十五碗是分明，二人共餐一碗飯，三人共吃一碗羹，四人共肉無餘數，請問高明能算者，布算無訛莫錯爭。

解：x 代客數，則

$$\left(\frac{1}{2}+\frac{1}{3}+\frac{1}{4}\right)x=65,$$

$$x=65\div\frac{13}{12}=65\times\frac{12}{13}=\frac{780}{13}=60(\text{人})。$$

答：客 $x=60$(人)，

飯碗$\frac{60}{2}=30$(隻)，

羹碗$\frac{60}{3}=20$(隻)，

肉碗$\frac{60}{4}=15$(隻)。

法：以二人乘三人得六人，又以四人乘之，得二十四人，以乘總六十五碗，得一千五百六十爲實；另列雜乘，先以二乘三得六，次以三乘四得一十二，又以四乘二得八，併之得二十六爲法，除實，得六十人各列，以二歸得飯碗，以三歸得羹碗，以四歸得肉碗，合問。

21.《毛詩》《春秋》《周易》書，九十四册共無餘，《毛詩》一册三人共，《春秋》一本四人呼，《周易》五人書一本，要分每樣幾多書，就見學生多少數，請君布算莫躊躇。

解：x 代學生數，則

$$\left(\frac{1}{3}+\frac{1}{4}+\frac{1}{5}\right)x=94;$$

$$\frac{47}{60}x=94。$$

答:學生數 $x=120$(人),

《毛詩》$\frac{120}{3}=40$(本),

《春秋》$\frac{120}{4}=30$(本),

《周易》$\frac{120}{5}=24$(本)。

法:以三人乘四人得一十二,又以四人乘五人得二十,又以五人乘三人得一十五,併之得四十七爲法;另以共書九十四本在位,以《詩》三人乘之,得二百八十二本,再以《春秋》四人乘之,得一千一百二十八本,又以《易》五人乘之,得五千六百四十本爲實,法四十七除之,得各經學生一百二十名。列三位,以三人歸之,得《詩經》四十本;以四人歸之,得《春秋》三十本;以五人歸之,得《易經》二十四本;併三經學生共一百二十人,合問。

22. 一百饅頭一百僧,大僧三個更無争,小僧三人分一個,大小和尚得幾丁。

解:x 代大僧,y 代小僧,則

$$\begin{cases} x+y=100, & (1) \\ 3x+\frac{1}{3}y=100。 & (2) \end{cases}$$

9×(1)得

$$9x+9y=900。$$

化(2)得

$$9x+y=300。$$

9×(1)−(2)得

$$8y=600。$$

答:大僧 $x=25$(人),

該分饅頭 $3x=3\times25=75$(個)。

小僧 $y=75$(人),

該分饅頭$\frac{1}{3}y=\frac{75}{3}=25$(個)。

法:置僧一百爲實,以三一併得四爲法除之,得大僧二十五人,以每人三個因之,得饅頭七十五個;用總僧内減大僧,餘七十五爲小僧,以三人歸之,得饅頭二十五個,合問。

23. 一千官軍一千布,一官四匹無零數,四軍平分布一匹,請問官軍多少數。

解:x 代官員,y 代軍人,則

$$\begin{cases}x+y=1000, & (1)\\ 4x+\frac{1}{4}y=1000。 & (2)\end{cases}$$

$16\times(1)$得

$$16x+16y=16000。$$

化(2)得

$$16x+y=4000。$$

$16\times(1)-(2)$得

$$15y=12000,$$

$$y=800,$$

$$x=200。$$

答:官 $x=200$(人),

軍 $y=800$(人),

官布 $4x=800$(匹),

軍布$\frac{1}{4}y=200$(匹)。

法:置官軍共一千爲實,併四匹一匹得五匹爲法除之,得官二百員，以每員四匹因之，得布八百匹，用總官軍内減二百，餘八百爲軍，以四歸之，得布二百匹，合問。

24. 今有千文買百鷄，五十雄價不差池，母鷄每隻三十文，小者十文三個知。

解：x 代公鷄，y 代母鷄，$z=100-(x+y)$代小鷄，則

$$50x+30y+\frac{10}{3}[100-(x+y)]=1000,$$

$$15x+9y+100-x-y=300,$$

$$14x+8y=200,$$

$$7x+4y=100,$$

$$y=25-\frac{7}{4}x。$$

答：$x=8, x=4, x=12$，

$y=11, y=18, y=4$，

$z=81, z=78, z=84$。

法：設置錢千文爲實，另置公鷄一、母鷄一，各以小鷄三因之，得公鷄三、母鷄三，加小鷄三，共得九爲法除實，得十一爲母鷄數，不盡一返減下法，九餘八爲公鷄數。另置總鷄一百隻，減去公鷄八隻、母鷄一十一隻，餘八十一隻爲小鷄數，各以錢因之，合問。

又引前法，置所答數公鷄八增四作十二，母鷄十一減七爲四，小鷄八十一益三得八十四共百鷄千文。此張丘①建所云：公鷄四，減母鷄七，鷄雛益三者也。又細參之，仍置原數，卻將公鷄八隻減四隻得四隻，母鷄十一增七得一十八隻，鷄雛八十一減三

① 原書誤爲“止”。——汪注

得七十八隻，亦得百鷄千文也。一法而三數生，故貴乎變通也。

柳下居士曰：此乃偶合耳，非法也。以九爲除法，得數爲母鷄，已不可解，至以不盡之數，減法而得公鷄，尤不可解矣，如後增減之，而得兩數，豈以九除而得乎。

按：此題以大代數不定方程式法解之，其理極淺，乃古人未明是法，光怪離落，無以規範，無怪柳下居士言，此乃偶合耳，非法也。

25. 仁廟曾以一數問老臺官曰："一百銀買一百牛，大牛十兩買一頭，小牛二當大牛一，犢子十與小牛侔。問三種牛數?"後日始奏曰："大牛一，小牛九，犢子九十。"問何以得之？奏曰：乃臣子算出者。問子何爲？曰舉人，遂召見，供奉內庭，賜進士，選翰林，居清要者，四十餘年，官終大宗伯，其際之奇如此，然問其術，不過以心計湊合其數而已。

解：x 代大牛，y 代小牛，z 代犢子。大牛十兩，小牛五兩，犢子十隻五兩，則

$$10x+5y+\frac{5}{10}(100-x-y)=100,$$

$$100x+50y+500-5x-5y=1000,$$

$$95x+45y=500,$$

$$y=11-x+\frac{5-50x}{45}=11-x+\frac{1-10x}{9}。$$

答：大牛 $x=1, x=10$，

小牛 $y=9, y=-10$

犢子 $z=90, z=100$。

此類題依大代數不定式法，極易循序化解，未必若古人心計湊也。

第四章　少　廣

1. 直田七畝半，忘了長相短，記得立契時，長闊争一半，今特問高明，此法如何算。

解：x 代闊，則

$$7.5\times240=2x\times x,$$

$$1800=2x^2,$$

$$900=x^2,$$

$$x=30。$$

答：闊 $x=30$（步）。

長 $2x=60$（步）。

法：置田七畝半，以畝法二四通之，得積一千八百步，折半，得九百步爲實，平方開之，得闊三十步，以闊除積一千八百步，得長六十步，闊三十步，合問。

2. 今有方田一段，中間有個圓池，步量田地可耕，十畝無零在記，方至池邊有數，每邊十步無疑，外方池徑果能知，到處芳名記你。

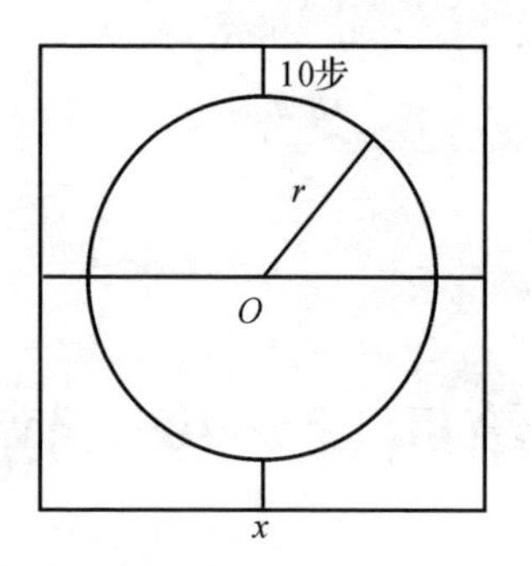

解：x 代方田邊長，r 代圓池半徑。

依題意：$x=2r+20$。

$$(2r+20)^2-\pi r^2=2400,$$

$$4(r^2+20r+100)-\pi r^2=2400,$$

$$4r^2+80r+400-\pi r^2=2400,$$

$$4r^2-\pi r^2+80r=2000,$$

$$(4-\pi)r^2+80r-2000=0。$$

$$r=\frac{-80\pm\sqrt{80^2+4\times2000(4-\pi)}}{2(4-\pi)}\ (\pi\text{ 作 }3),$$

$$r=\frac{-80\pm120}{2}=20\quad\text{或者}\quad-100。$$

答：内圓池直徑 $2\times20=40$(步)。

方面 $x=2\times20+20=60$(步)。

法：置田十畝以畝法二四通之，得二千四百步；另以每邊十步自乘，得一百步，又以三因之，得三百步加入積内，共得二千七百步爲實。另以每邊十六步因之，得六十步爲縱方於右，以開平方帶法，除之，約商三十步於左位，就置三十於右位，併入縱方六十，共得九十步，與左商三十相呼三九除二千七百步積盡，以商三十倍，作六十步爲方面；減去每邊各十步共二十步，餘得圓池徑四十步，合問。

解法：方内容圓四分之三，故以三因池外自乘之，數得三百併積爲實，另以三倍之爲六，乘每邊十步得六十步爲縱方，平方開之。

3. 方田一十五畝，及時人去耕犁，圓池在内甚希奇，圓徑不知怎記，方至池邊有數，每邊二十無疑，外方圓徑若能知，細演天元如積。

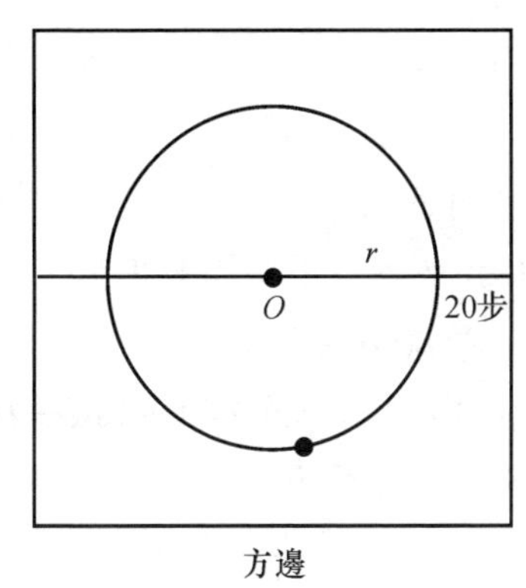

方邊

解：$3600=(40+2r)^2$，

$60=40+2r$，

$r=10$。

答：圓池直徑 $2r=20$(步)，

方邊 $40+2r=60$(步)。

法：以畝法通田，得三千六百步以平方開之，得六十步，減每邊二十步，二邊共四十步，餘得圓徑十步，合問。

4. 梭田共積一千二，又零二十有四步，闊不及長三十二，要見闊長多少數？

解：x 代闊，$x+32$ 代長，則

$$\frac{1}{2}x(x+32)=1224,$$

$$x^2+32x-2448=0,$$

$$x=\frac{-32\pm\sqrt{32^2+4\times2448}}{2}$$

$$=\frac{-32\pm104}{2},$$

$x=36$　或者　-68。

答：闊 $x=36$(步)。

長 $x+32=36+32=68$(步)。

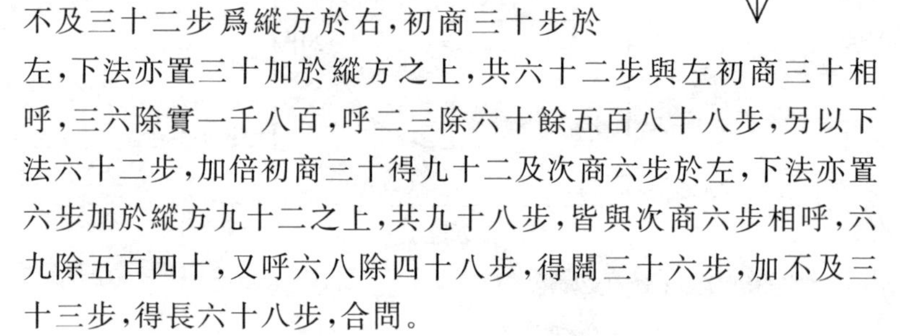

法：倍積得二千四百四十八步爲實，以不及三十二步爲縱方於右，初商三十步於左，下法亦置三十加於縱方之上，共六十二步與左初商三十相呼，三六除實一千八百，呼二三除六十餘五百八十八步，另以下法六十二步，加倍初商三十得九十二及次商六步於左，下法亦置六步加於縱方九十二之上，共九十八步，皆與次商六步相呼，六九除五百四十，又呼六八除四十八步，得闊三十六步，加不及三十三步，得長六十八步，合問。

5. 三百六十一隻缸，任君分作幾船裝，不許一船裝一隻，不許一船少一缸。

解：x 代缸，y 代船，則

$$xy=361,$$

$$x=\frac{361}{y},$$

$$y=19,$$

$$x=19。$$

答：缸與船皆爲 19 隻。

法:置缸三百六十一隻爲實,以開平方法除之,得一十九船,每船載缸一十九隻,合問。

依數理而論,此題是不定式,未必船數等缸數,而舊法開方,其數適然耳,未可爲法也。

6. 今歲都要納秋糧,雇船搬載去上倉,五萬七千六百石,河中漏濕一船糧,每船負帶一石去,船仍剩得一石糧。秋糧納米已有數,不知原用幾船裝。

解:x 代糧船,y 代裝糧。則

$$xy=57600, \tag{1}$$

$$(x-1)(y+1)=57599, \tag{2}$$

$$xy-y+x-1=57599。$$

(1)代入(2)得

$$57600-y+x=57600,$$

$$x=y。 \tag{3}$$

(3)代入(1)得

$$x=240,y=240。$$

答:船 240 隻,每隻裝糧 240 石。

法:置米爲實,以開平方法除之,得二百四十爲船數,亦即裝米數。

此題若以開平方法解之,則爲湊數,非法也?

設已知 $x=y$,則亦殊嫌特然也。

7. 曠野之地有個樁,樁上繫着一隻羊,團團踏破三畝二,試問羊繩幾丈長。

解:圓面積$\pi r^2=3.2\times240=768$,故

$$r^2=244.46,$$

$r=15.64$。

答:羊繩長 15.64 步或 78.18 尺。

法曰:此平圓法也,置地三畝二分以畝法二四通之,得七百六十八步,以四因三歸之,得一千零二十四步爲實。平方開之,得三十二步爲地之全徑,折半得一十六步爲樁處,再以每步五尺乘之,得八十尺爲繩長,合問。

第五章　商　功

1. 穿渠二十九里程，再加一百四步零，上廣一丈二尺六，下廣八尺丈八深，每日一夫三百尺，問該夫數雇工興。

解：渠長 $29\times360+104=10544$(步)$=52720$(尺)，

深面積$\frac{12.6+8}{2}\times18=185.4$(尺^2)①，

渠體積 $52720\times185.4=9774288$(尺^3)②。

所需人數$\frac{9774288}{300}=32580\cdots\cdots288$。

答：需 32580 人餘 288 尺。

法：置二十九里以每里三百六十步乘之，得一萬零四百四十步加零一百零四步，共一萬零五百四十四步，以每步五尺乘之，得五萬二千七百二十尺爲長積；另併上、下廣二丈零六寸折半，得一丈零三寸，以深一丈八尺乘之，得一百八十五尺四寸以乘長積，得九百七十七萬四千二百八十八尺爲實；以每人日開三百尺爲法除之，得三萬二千五百八十人，不盡二百八十八尺，不彀一人一日，合問。

---

① 原書未寫單位。——汪注

② 原書單位仍寫成尺，現改爲今日的寫法。——汪注

2. 張家三女孝順,歸家頻望勤勞,東邨大女隔三朝,五日西邨女到,小女南鄉路遠,依然七日一遭,何日齊至飲香醪,請問英賢回報。

解:$3\times5\times7=105$。

答:一百零五日,相會樂融融。

法:以三朝五日相乘,得一十五日再以七日乘之,得一百零五日,合問。

3. 今有四人來做工,八日工價九錢銀,二十四人做半月,試問工錢該幾分。

解:$\frac{9}{8\times4}\times24\times15=101.25$。

答:工錢 101.25 錢。

法:置二十四人,以一十五日乘之,得三百六十,又以銀九錢因之,得三千二百四十錢爲實;以四人乘八日得三十二日爲法除之,合問。

第六章　均　輸

1. 盧山山高八十里，山峰峰上一黍米，黍米一轉衹三分，幾轉轉到山脚底。

解：$\frac{80\times360\times500}{3}=4800000$。

答：4800000 轉。

法：置山高八十里，以每里三百六十步乘之，得二萬八千八百，以每步五百分乘之，得一千四百四十萬分爲實，以米轉三分爲法除之，合問。

2. 三寸魚兒九里溝，口尾相連直到頭，試問魚兒多少數，請君對面説因由。

解：$\frac{9\times360\times50}{3}=54000$。

答：54000 個。

法：置九里，以每里三百六十步乘之，得三千二百四十步，以每步五十寸乘之，得一十六萬二千寸，以每魚長三寸爲法除之得魚數，合問。

3. 一人推車忙且苦，半徑輪該尺九五，一日推轉二萬遭，問君里數如何數。

解：$\frac{2\pi \times 1.95 \times 20000}{360} \div 5 = 136.14$。

答：136.14 里。

法：置半徑輪一尺九寸五分，倍[①]之，得三尺九寸爲全徑數，以周三因之，得一百一十七寸爲一轉之數，卻以二萬遭乘之，得二百三十四萬寸爲實；另以每里三百六十步、每步五十寸乘之，得一萬八千寸爲法除之，得一百三十里，合問。

4. 甲乙同時起步，其中甲快乙遲，甲行百步且交立，乙纔六十矣，使乙先行百步，甲行起步方追，不知幾步方追及，算得揚名説你。

解：x 代追率，則

$$60x + 100 = 100x,$$

$$x = \frac{5}{2}。$$

答：甲追 $100x = 100 \times \frac{5}{2} = 250$（步）。

法：置甲行百步乘先行百步得一萬步爲實；另以甲行百步，減乙行六十步，餘四十步爲法除之，合問。

5. 三藏西天去取經，一去十萬八千程，每日常行七十五，問公幾日得回程。

解：單程日數 $\frac{108000}{75} = 1440$（天）。

答：回程 $2 \times 1440 = 2880$（天），計 8 年。

---

① 原書誤爲“位”。——汪注

法:置一十萬零八千里,以每日行七十五里爲法除之,得日數,再因以二,得二千八百八十日,合問。

6. 當年蘇武去北邊,不知去了幾周年,分明記得天邊月,二百三十五番圓。

解:$\frac{235}{12\frac{1}{3}}=19\cdots\cdots7$

答:19年(古有十九年七閏)。

7. 三足團魚六眼龜,共同山下一深池。九十三足亂浮水,一百二眼將人窺,或出没,往東西,倚欄觀看不能知,有人算得無差錯,好酒重斟贈數杯。

解:x代團魚,y代龜,則

$$\begin{cases}3x+4y=93, & (1)\\ 2x+6y=102。 & (2)\end{cases}$$

$2\times(1)$得

$$6x+8y=186。$$

$3\times(2)$得

$$6x+18y=306。$$

$3\times(2)-2\times(1)$得

$$10y=120,$$

$$y=12,$$

$$x=15。$$

答:團魚15個,龜12個。

法:列置鱉三足二眼,龜四足六眼,共九十三足一百二眼。先以三足六眼乘得一十八,以四足二眼乘得八,以少減多,餘一十爲法;又以六眼乘九十三足得五百五十八,又以四足乘一百二眼得四百零八,以少減多,餘一百五十爲實;法除實,得鱉十五個,以三足乘之,得足四十五,減總足,餘四十八足,以龜四足除之,得龜一十二個,合問。

8. 甲乙隔溝牧放,二人暗裏參詳,甲云得乙九隻羊,多乙一倍之上,乙説得甲九隻,兩家之數相當,二邊閑坐惱心腸,畫地算了半晌。

解:x 代甲,y 代乙,則

$$\begin{cases}2(y-9)=x+9, & (1)\\ y+9=x-9。 & (2)\end{cases}$$

化(1)得

$$x-2y+27=0。$$

化(2)得

$$x-y-18=0。$$

(1)-(2)得

$$-y+45=0,$$

$$y=45,$$

$$x=63。$$

答:甲羊 63 隻,乙羊 45 隻。

法:以甲羊添乙羊,九個多乙羊一倍爲二十分,卻減借乙羊九個爲一分凈一十九分,另以乙羊添甲,九個兩家相當者,爲十分內減借甲九個爲一分凈得九分,置甲一十九分以九乘之,得一百七十一個,又以乙九分以九乘之,得八十一,相減,餘九十,折半,得乙羊四十五隻。又以甲一百七十一,內減乙羊四十五,餘一百二十六,折半,得甲羊六十三隻,合問。

9. 甲趕群羊逐草茂,乙拽肥羊一隻隨其後,戲問甲及一百否,甲云所説無差謬,若得這般一群湊,再添半群小半群,得你一隻來方湊,玄機奥妙誰參透。

解:x 代羊群,則

$$x+x+\frac{1}{2}x+\frac{1}{4}x+1=100,$$

$$\frac{11}{4}x=99,$$

$$x=36。$$

答:甲羊 36 隻。

法:置羊一百羊減乙一隻餘九十九隻爲實,併群率,原一群又一群再添半群即五分小半群即二分半,共二群七分半爲法除之,得甲原羊一群三十六隻,合問。

10. 三人二日四升七,一十三口要吃糧,一年三百六十日,借問該糧幾多食。

解:$\frac{4.7}{3\times2}\times13\times360=3666$。

答:3666 升。

法:置三百六十日,以乘一十三口得四千六百八十,又以原吃糧四升七合乘之,得二百一十九石九斗六升爲實;以原三人乘二日得六爲法除之,合問。

11. 諸葛統領八員將,每將又分八個營,每營裏面排八陣,每陣先鋒有八人,每人旗頭俱八個,每個旗頭八隊成,每隊更該八個甲,每個甲頭八個兵。

解:諸葛 1 人,

統將 $1\times8=8$(人),

營 $8\times8=64$(營),

陣 $64\times8=512$(陣),

先鋒 $512\times8=4096$(人),

旗頭 $4096\times8=32768$(人),

隊長 $32768\times8=262144$(人),

甲頭 $262144\times8=2097152$(人),

兵士 $2097152\times8=16777216$(人)。

合計 19173385 人。

法:置總兵一以八因之,得將八又八因得營六十四,又八因得陣五百一十二,又八因得先鋒四千零九十六人,又八因得旗頭三萬二千七百六十八人,又八因得隊長二十六萬二千一百四十四人,又八因得甲二百零九萬七千一百五十二人,又八因得兵一千六百七十七萬七千二百一十六人,除營陣不作數,其總兵將先鋒旗頭甲兵併之,得一千九百一十七萬三千三百八十五人,合問。

12. 一條竿子一條索,索比竿子長一托,折回索子欲量竿,卻把竿子短一托。

解:x 代索長,y 代竿長,則

$$\begin{cases} x-5=y, \\ \dfrac{1}{2}x+5=y-5。\end{cases}$$

解得

$$\begin{cases} x=20, \\ y=15。\end{cases}$$

答:索長 20 尺,竿長 15 尺。

法:倍短一托得二托,併長一托得竿長三托,加一托,得索長四托,各以每托長五尺乘之,合問。

第七章　盈　朒

1. 隔墻聽得客分銀，不知人數不知銀，七兩分之多四兩，九兩分之少半斤。

解：x 代人，y 代銀，則

$$\begin{cases}7x=y-4,\\9x=y+8。\end{cases}$$

解得

$$\begin{cases}x=6,\\y=46。\end{cases}$$

答：6 人，銀 46 兩。

法：置盈不足，以分七兩互乘少八兩得五十六兩，以分九兩互乘多四兩得三十六兩，併之得九十二兩爲實；又以九兩七兩相減，餘二兩爲法除實，得銀四十六兩；以多四兩少八兩併得一十二兩爲人實，以法二除之得六人，合問。

2. 昨日獨看瓜，因事來家，牧童盜去眼昏花，信步廟東墻外過，聽得争差，十三俱分咱，十五增加，每人十六少十八，借問人瓜各有幾，誰會先答。

解：x 代人，y 代瓜，則

$$\begin{cases}16x=y+18,\\13x=y-15。\end{cases}$$

解得

$$\begin{cases}x=11,\\y=158。\end{cases}$$

答:11 人,瓜 158 個。

法:併盈十五不足十八得三十三爲實;以各十三、十六相減,餘三爲法除之,得一十一爲人數。以各得十六乘之,得一百七十六減之不足十八,餘得瓜數一百八十五個,合問。

3. 我問開店李三公,衆客都來到店中,一房七客多七客,一房九客一房空。

解:x 代客,y 代房,則

$$\begin{cases}7y=x-7,\\9y=x+9。\end{cases}$$

解得

$$\begin{cases}x=63,\\y=8。\end{cases}$$

答:房 8 間,客 63 人。

法:置盈七客,以一房空九客乘之,得六十三,以九客多七客得六十三併之,得一百二十六人爲實;以盈七與不足九相減餘二爲法除之,得六十三人;以減去多七客餘五十六人,以每房七客除之,得房八間,合問。

4. 幾個牧童閑耍,張家園内偷瓜,將來林下共分拿,三人七枚便罷,分訖剩餘一個,内有伴歌兜搭,四人九個又分拿,又餘兩個廝打。

解:x 代牧童,y 代瓜,則

$$\begin{cases}\frac{7}{3}x=y-1,\\ \frac{9}{4}x=y-2。\end{cases}$$

解得

$$\begin{cases}x=12,\\ y=29。\end{cases}$$

答:牧童12人,瓜29個。

法:列四人九個、三人七個,三人乘九個得二十七,四人乘七個得二十八,併得五十五個,加兩盈數三個,共五十八個,折半,得瓜二十九;以三四相乘,得人十二,合問。

柳下居士曰:此法非是,若三四相乘便是人數,使三人六人分,將云十八人耶?

5. 牧童分杏各爭競,不知人數不知杏,三人五個多十枚,四人八枚兩個剩。

解:x 代牧童,y 代杏,則

$$\begin{cases}\frac{5}{3}x=y-10, & (1)\\ \frac{8}{4}x=y-2。 & (2)\end{cases}$$

(1)−(2)得

$$\left(\frac{5}{3}-\frac{8}{4}\right)x=-8。$$

$$x=24 \quad (3)$$

(3)代入(1)得

$$\frac{5\times24}{3}=y-10,$$

$y=50$。

答:牧童 24 人,杏 50 枚。

法:置兩盈,以三人互乘八枚得二十四,以四人互乘五枚得二十,以少減多,餘四爲法;又以三人、四人相乘,得一十二爲實,卻以多十枚減剩二餘八枚爲法,乘得九十六;又以前法四除之,得二十四人;另以盈十乘二十四得二百四,盈二乘二十得四十,以少減多,餘二百爲杏實,以法四除之,得杏五十枚,合問。

6. 今有糧長犒勞夫,不分老幼唱名呼,每人七個少三個,五個卻少四十五。

解:x 代人,y 代錢,則

$$\begin{cases}7x=y-3,\\5x=y-45。\end{cases}$$

解得

$$\begin{cases}x=21,\\y=150。\end{cases}$$

答:21 人,錢 150 文。

法:置兩不足七文、五文,少三個、少四十五個兩不足相減,餘四十二爲實;兩分率七文、五文相減,餘二文爲法,除實四十二,得二十一人,卻以人分七文乘之,得一百四十七,加不足三得錢一百五十文,合問。

7. 隔墻聽得客分綾,不知綾數不知人,每人六匹少六匹,每人四匹恰相停。

解:x 代牧童,y 代綾,則

$$\begin{cases}6x=y+6,\\4x=y。\end{cases}$$

解得

$$\begin{cases}x=3,\\y=12。\end{cases}$$

答:3人,綾12匹。

法:置不足、適足,以不足六匹爲實,以分綾六匹、四匹相減,餘二爲法,除之得三人,以適足四匹乘之,得綾一十二匹,合問。

8. 林下牧童鬧如簇,不知人數不知竹。每人六竿多十四,每人八竿恰齊足。

解:x代牧童,y代竹,則

$$\begin{cases}6x=y-14,\\8x=y。\end{cases}$$

解得

$$\begin{cases}x=7,\\y=56。\end{cases}$$

答:牧童7人,竹56竿。

法:置盈、足,以多十四爲實,以分六竿、八竿相減,餘二爲法除之得七人,以適足八竿乘之,得竹竿五十六,合問。

9. 今携一壺酒,遊春郊外走,逢朋添一倍,入店飲斗九,相逢三處店,飲盡壺中酒。試問能算士,如何知原由。

解:x代酒量,則

$$2[2(2x-19)-19]-19=0,$$

$$2(4x-38-19)-19=0,$$

$$8x-133=0。$$

答:$x=16.625$(升)。

法:置三處倍飲,列二二倍四併之得七率爲法,以乘一斗九升,得一石三斗三升,折半三遭,得原酒,合問。

又法:置一斗九升併酒率七乘之爲實,另以倍酒率七加原酒率一共得八爲法除之,亦得。若要知三處飲盡者,置原酒一斗六升六合二勺五撮,倍得三斗三升二合五勺,除第一處飲酒一斗九升,餘一斗四升二合五勺,倍之,得二斗八升五合,除第二處飲一斗九升,餘九升五合,倍之,得一斗九升,是第三處飲盡數。

10. 百兔縱横走入營,幾多男女都來争,一人一個難拿盡,四隻三人始得停,來往聚,鬧縱横,各人捉得往家行,英賢如果能明算,多少人家甚法評。

解:x 代人數,則

$$\frac{3}{4}=\frac{x}{100},$$

$$x=\frac{300}{4}=75。$$

答:75 人。

法曰:百兔爲實,以四隻歸之,得二十五卻以三人因之,合問。

第八章　方　程

1. 今有布絹三十匹，共賣價鈔五百七，四匹絹價九十貫，三匹布價該五十，欲問絹布各幾何，價鈔各該分端的，若人算得無差訛，堪把若名題郡邑。

解：x 代絹，y 代布，則

$$\begin{cases} x+y=30, & (1) \\ \dfrac{90}{4}x+\dfrac{50}{3}y=570。 & (2) \end{cases}$$

(1)×20 得

$$20x+20y=600。\quad (3)$$

(2)×12÷10 得

$$27x+20y=684。\quad (4)$$

(4)－(3)得

$$7x=84,$$

$$x=12。\quad (5)$$

(5)代入(1)得

$$y=18。$$

答：絹 $x=12$(匹)，

該鈔$\dfrac{90}{4}x=\dfrac{90}{4}\times 12=270$(貫)；

布 $y=18$(匹),

該鈔$\frac{50}{3}y=\frac{50}{3}\times18=300$(貫)。

法:列所問數,右價九十、中價五十得二百,下共五百七十,得二千二百八十;左絹四匹、中布三匹得二百七十,下共三十匹,得二千七百。先以右行價九十貫爲法,遍乘左行中下得數,欲以左行絹四爲法,復遍乘右行中價五十得二百,減左行二百七十,餘七十爲法;又以左四乘右行下共價五百七十得二千二百八十,減左行二千七百,餘四百二十爲實,以法除之,得六,爲錯總之數。以布三匹乘之,得布一十八匹,以減總絹布三十匹,餘得絹一十二匹,以布十八乘價五十,得九百貫,以三匹除之,得三百貫。共絹十二,以絹四匹除之,得三,以價九十貫乘之,得二百七十貫,合問。

柳下居士曰:此即貴賤相和换影仙也,並非方程法。

2. 甲借乙墨七錠,還他三管毛錐,貼錢四百整八十,恰好齊同了畢,丙欲借乙九筆,還他三錠隃麋,一百八十貼乙齊,二色該錢各幾?

解:x 代墨價,y 代筆價,則

$$\begin{cases}7x=3y+480, & (1)\\180+3x=9y。 & (2)\end{cases}$$

$3\times(1)$得

$$21x-9y=1440。\qquad(3)$$

化(2)得

$$3x-9y=-180。\qquad(4)$$

$(3)-(4)$得

$$18x=1620,$$

$x=90$。 (5)

(5)代入(1)得

$630=3y+480$,

$y=50$。

答:墨價 90 文

筆價 50 文。

法:列所問數,右墨正七,中筆負得九,下價正四百八十得正一千四百四十;左墨正三,中筆負九得負六十三,下價負一百八十得負一千二百六十。先以右墨正七爲法,遍乘左行中下得數,卻以左行墨正三爲法,復遍乘右中筆負三得九,同減左行筆負六十三餘得筆負五十四爲法;價正四百八十得正一千四百四十,異加左行價,負一千二百六十共得二千七百爲實;以法除之,得筆價五十文。右行價正四百八十,異加筆負三價一百五十,共得六百三十,以墨七除之,得墨價九十文,合問。

3. 七釧九釵成器,釧子分兩重多,九兩四錢是相和,仔細與公已說過,二物相交一隻,稱之適等無那,不能算得是嘍羅,二人卻來問你。

解:x 代釧重,y 代釵重,則

$$\begin{cases}7x+9y=94, & (1)\\ 6x+y=8y+x。 & (2)\end{cases}$$

5×(1)得

$35x+45y=470$。 (3)

7×(2)得

$35x-49y=0$。 (4)

(3)−(4)得

$94y=470$,

$y=5$,

$x=7$。

答:釧重7錢,釵重5錢。

法:此問七釧九釵共金九兩四錢,交易其一,稱之適等,乃六釧一釵重四兩七錢,八釵一釧重四兩七錢,減列六釧一釵,重四兩七錢,一釵八釧,重四兩七錢。

先以右行六釧爲法,遍乘左行中下,得數釧四十八重二十八兩二錢;次以左行一釵爲法,遍乘右行中一釵,得減左行四十八,餘四十七爲法;下重四兩七錢得四兩七錢減左行二十八兩二錢,得二十三兩五錢爲實;以法除之,得釵重五錢。右行重四兩七錢減一釵重五錢,餘四兩二錢,以釧六隻除之,得釧重七錢,合問。

柳下居士曰:此非方程法,當入衰分,乃是匿價分身法也。

4. 甲乙二人沽酒,不知誰少誰多,乙鈔少半甲相和,二百無零堪可,乙得甲錢中半,亦然二百無那,英賢算得無訛,將甚法兒方可。

解:x代甲錢,y代乙錢,則

$$\begin{cases} x+\dfrac{1}{3}y=200, & (1) \\ \dfrac{1}{2}x+y=200。 & (2) \end{cases}$$

$6\times(1)$得

$$6x+2y=1200。\qquad (3)$$

$2\times(2)$得

$$x+2y=400。\qquad (4)$$

$(3)-(4)$得

$$5x=800,$$

$$x=160。\tag{5}$$

(5)代入(7)得

$$y=120。$$

答:甲錢 160 文。

乙錢 120 文。

法:列所問數,甲二八一百六十,乙三四一百二十,故甲二分之一錢二百,乙三分之一錢二百。

先以二分互乘二百,次以三分互乘二百得六百,以少減多,餘二百爲實;以甲二分乙三分併之,得五分爲法除之,得四十。以乙三乘之,得乙該錢一百二十文,以減原錢二百,餘八十,以甲二分乘,得甲該一百六十,合問。

柳下居士曰:此非方程法,其併分母之,非有辨見方程章,又按以三之一爲少半亦非,古法四之一爲少半,四之三爲大半,三之一非少半也。

第九章　句　股

1. 田中有一枯柱，丈六全没枝梢，尖頭一馬繫牢，吃盡田中禾稻，四分五釐田地，團團吃一周遭，索長幾許償招，不算難賠多少。

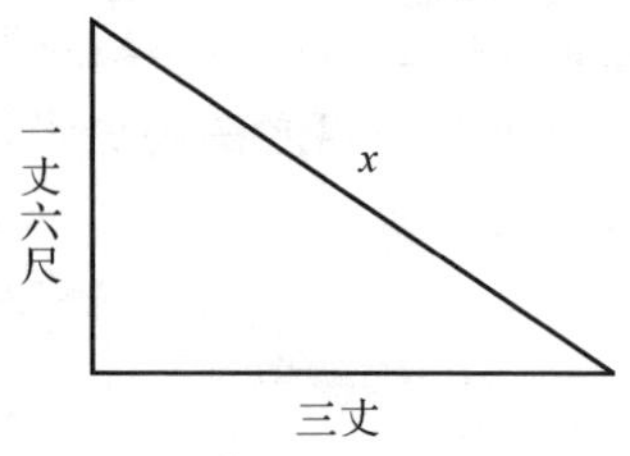

解：$4.5\times240=108$(步)(圓面積)，

$\pi R^2=108$(π 作 3)，

$R=6$(步)或 30(尺)。

$x^2=16^2+30^2$，

$x=34$。

答：索長 3 丈 4 尺。

法：此句股求弦也，置四分五釐以畝法二百四十通之，得一百零八步，四因得四百三十二，用三歸之，得一百四十四爲實；以開平方法除之，得十二步爲全徑，折半，得六步，爲枯柱繫馬處。以步法 5 乘之，得三十尺爲股，自乘得九百尺。另以一丈六尺爲句，自乘得二百五十六尺，併之，得一千一百五十六尺爲實；平方開之,得三十四尺爲弦,即索長,合問。

2. 三月清明節氣,蒙童鬭放風箏,托量九十五尺繩,被風刮去空中,量得上下相應,七十六尺無零,縱横甚法,問先生算之多少爲平。

解:$95^2=76^2+x^2$,

$9025=5776+x^2$,

$x=57$。

答:繩長57尺。

法曰:此弦股求句法也,以繩斜長九十五尺如弦自乘得九千零二十五尺,又繩頭量至風箏七十六尺股自乘得五千七百七十六尺以減弦積,餘三千二百四十九尺爲實;以開平方法除之,得句五十七尺爲高,合問。

3. 池河八分下釣鉤,魚吞水底是根由,釣繩五十岸齊併;使盡機關無法疇,縱横源流難辨認,水深幾尺數難求。

$1600+x^2=2500$,

$x^2=2500-1600=900$。

答:水深$x=30$(尺)。

法:置圓池八分,以畝法二四通之,得一百九十二步,以四因三歸,得圓積二百五十步爲實;以開平方法除之,得圓池直徑一十六步,折半得八步,以每步五尺乘之,得池半面四十尺如股;自乘得一千六百尺,釣繩五十尺如弦,自乘二千五百尺相減,餘九百尺爲實;以開平方法除之,得水深三十尺爲句,合問。

4. 八尺爲股六尺句,内容圓徑怎生求,有人識得如斯妙,算學方爲第一籌。

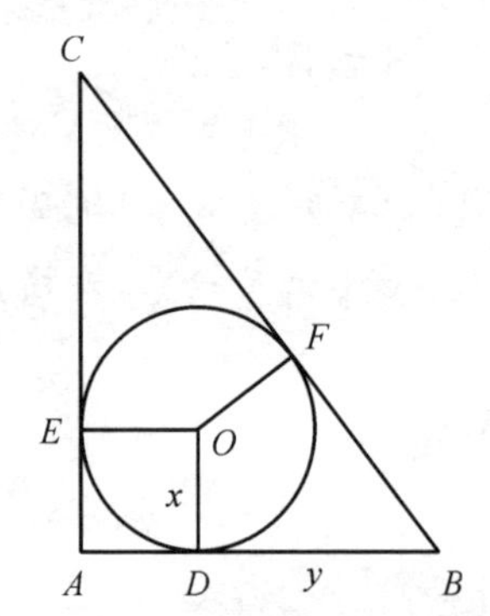

解:設直角三角形 ABC,x 爲内容圓之半徑,$y=AB-AD$,$AB=6$,$AC=8$,得 $BC=10$。因幾何理知 $x=AD=AE=EO$,$BF=BD$,$EC=CF$。於是得

$$\begin{cases}(8-x)x=x(10-y,) & (1)\\ 6-y=x。 & (2)\end{cases}$$

化(1)得

$$8-x=10-y,$$

$$x-y=-2。$$

化(2)得

$$x+y=6。$$

(1)+(2)得

$$2x=4,$$

$$x=2。$$

答:内容圓直徑 4 尺。

法:置句六尺,以股八尺相乘得四十八尺,倍之,得九十六尺爲實;另以句六尺自乘,得三十六尺,以股八尺自乘,得六十四尺相併,得一百尺,以開方法除之,得弦一十尺,加句六尺、股八尺,共二十四尺爲法除實,得内容圓徑四尺,合問。

5. 六尺爲句九尺股，内容方面如何取，有人達得這元機，便是高明算中舉。

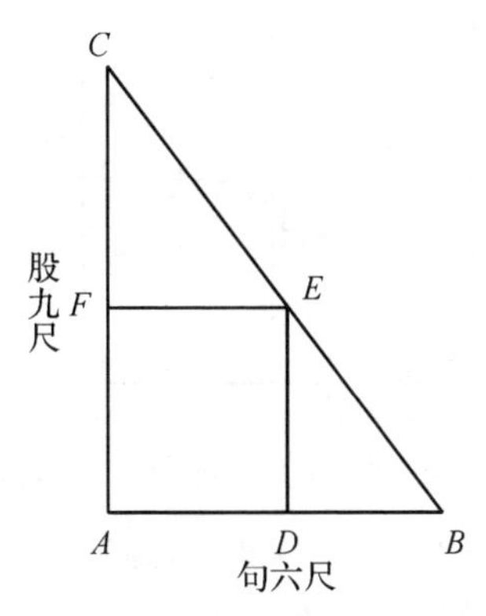

解：x 代方邊長，依幾何理$\triangle CFE > \triangle EDB$，

$(6-x):x=x:(9-x)$，

$x^2=(6-x)(9-x)=54-9x-6x+x^2$，

$15x=54$，

$x=3.6$。

答：内容方面 3 尺 6 寸。

法：置句六尺，以股九尺乘之，得五十四尺爲實；另併句六尺、股九尺共一十五尺爲法除之，得内容方面三尺六寸，合問。

6. 今有門廳一座，不知門廣高低，長竿横進使歸室，争奈門狹四尺，隨機竪竿過去，亦長二尺無疑，兩隅斜去恰方齊，請問三色各幾。

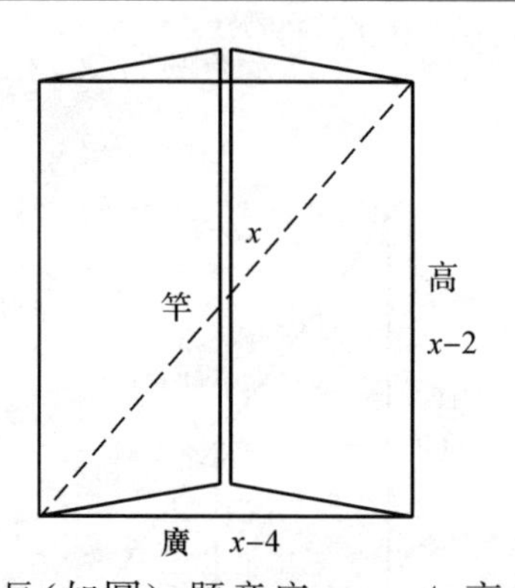

解：x 代杆竿長（如圖），題意廣 $=x-4$，高 $=x-2$，

$$x^2=(x-2)^2+(x-4)^2\text{①}$$
$$=x^2-4x+4+x^2-8x+16,$$
$$x^2-12x+20=0,$$
$$(x-2)(x-10)=0,$$
$$x=10\text{ 或 }2。$$

答：廣 $x-4=10-4=6$（尺），

門高 $x-2=10-2=8$（尺），

竿長 $x=\sqrt{6^2+8^2}=10$（尺）。

法：置句弦較横闊四尺，以股弦較竪長出二尺相乘得八尺倍之，得一十六尺爲弦和較積，用開平方法除之，得弦和較四尺，加股弦較二尺得六尺爲句，即門廣；另以弦和較四尺加句弦較四尺得八尺股，即門高；又以句六尺加較四尺得一丈爲弦，即兩隅斜去數，合問。

① 原書誤爲 $(x+4)^2$。——汪注

附録一　韻文趣題並解(二十題)

1. 一百饅頭一百僧,大僧三個便無争,小僧三人分一個,試問大小各幾僧?

解:設 100 皆爲大僧,則應有饅頭 $100\times3=300$(隻),較原有少 $300-100=200$(隻);今以一大僧易一小僧,僧數不變,而饅頭少去 $3-\frac{1}{3}=\frac{8}{3}$(隻),總共少了 $200\div\frac{8}{3}=200\times\frac{3}{8}=75$(次),即有小僧 75 人,大僧 $100-75=25$(人)。

2. 啞子來買肉,難言錢數目,一斤少四十,九兩多十六,請問能算者,給予多少肉?

解:一斤少四十,九兩多十六,可見多給 $16-9=7$,就相差 $40+16=56$(文),故知肉每兩要 $56\div7=8$(文)。

題云:啞子所有錢爲 9 兩多 16 文,即買了 9 兩後還多 16 文,就是 $8\times9+16=72+16=88$(文)。

3. 三百六十一隻缸,任你分做幾船裝,不要一船裝一隻,也莫一船多一缸! 求船數與缸數。

解:將 361 分析因數。

$361=1\times361=1\times19\times19=19\times19$。

故三百六十一隻缸分裝於船有兩種辦法,使每船所裝缸數相等,即 361 隻船,每船裝一缸;或 19 隻船每船裝 19 隻缸;然題云:不要一船裝一隻,故船數與缸數皆爲 19,是獨一無二之答案。

4. 有個學生心性巧,一部《孟子》三日了,每日增添一倍多,問君每日讀多少?(一部《孟子》共 34685 字)

解:設第一日所讀爲 1,則第二日所讀爲 2,第三日所讀爲 4,故

第一日讀 84685÷(1+2+4)=4955(字)。

第二日讀 4955×2=9910(字)。

第三日讀 4955×4=19820(字)。

5. 超伯有銀僅四千,分給阿錦與阿蓮,祇知錦爲蓮四倍,試問各得若干元?

解:依前題,設阿蓮所得爲 1,則阿錦所得爲 1×4=4,即阿蓮得全數之$\frac{1}{1+4}=\frac{1}{5}$,阿錦得$\frac{4}{1+4}=\frac{4}{5}$;故蓮得 $4000\times\frac{1}{5}=800$(元),錦得 $4000\times\frac{4}{5}=3200$(元)。

6. 九百九十六銀圓,贈分八子作盤川,次第每人多十七,要將第八子來言。

解:次第每人多十七,可見每人所分得的銀數成等差級數,要將第八子來言,即求初項之意思。

總和=996,項數=8(因贈分八子),公差 17。

由公式:初項=(总和÷项数)-[(项数-1)×公差]÷2

第八子可分得

996÷8-[(8-1)×17]÷2

$=124.5-119\div 2$

$=124.5-59.5$

$=65$(元)。

7. 九百九十九文錢,甜果酸果買一千,甜果九個十一文,酸果七個四文錢,試問酸甜果幾個,更問各該幾文錢?

解:設一千個皆爲甜果,則該$\frac{11}{9}\times 1000=\frac{11000}{9}$(文),較原有少$\frac{11000}{9}-999=\frac{2009}{9}$(文),今以一甜果易一酸果,即可省$\frac{11}{9}-\frac{4}{7}=\frac{41}{63}$(文),總共易了$\frac{2009}{9}\div\frac{63}{41}=\frac{2009}{9}\times\frac{41}{63}=343$(次)。就是有酸果 343 個,而甜果有 $1000-343=657$(個)。

酸果共$\frac{4}{7}\times 343=196$(文)。

甜果共$\frac{11}{9}\times 657=803$(文)。

8. 張三李四兩伙計,今年合股做生意,李四多出銀六百,總共資本是千四,在坐諸位能算者,請算各出多少資?

解:總共資本是千四,即兩人所出銀數之和;李四多出銀六百,即兩人所出銀數之差,由和差公式

李四應出銀:$(1400+600)\div 2=1000$(元);

張三應出銀:$(1400-600)\div 2=400$(元)。

9. 我問旅店李三翁,衆客都來到店中。一房七客多七客,一房九客一房空。(求房數及客人數)

解:一房七客多七客,即每房住了 7 人,還有 7 人無房子住;

一房九客一房空，即每房住了 9 人，就可多出一間房子；亦即每間 7 人多 7 人，每間 9 人少 9 人。

由盈虧公式

(盈＋虧)÷分差＝人數，

虧時每人所分×人數－虧＝物品總數。

故房間數＝(7＋9)÷(9－7)＝16÷2＝8(間)。

人數＝9×8－9＝72－9＝63(人)。

(注意：我們對於公式，要活用，切勿死記。)

10. 牧童分杏各競爭，不知人數不知杏；三人五個多十個，四人八個兩個剩。(求人數和杏數)

解：此題仍如上題，爲盈虧問題之一。

由盈虧公式

(大盈－小盈)÷分差＝人數，

小盈時每人所分×人數＋小盈＝物品總數。

$$(10-2)\div\left(\frac{8}{4}-\frac{5}{3}\right)=8\div\frac{4}{12}=8\times\frac{12}{4}=24,$$

$$\frac{8}{4}\times24+2=2\times24+2=48+2=50。$$

故牧童 24 人，杏 50 個。

11. 八馬九牛十四羊，趕到村南牧草場，因爲牧童不留心，吃了人家一段秧，議定賠他六石糧，牛一隻可比二羊，四牛二馬可賠償。(求馬、牛、羊各應賠之數)

解：先將牛馬之數化爲羊數。

牛一隻可比二羊，則 9 牛＝2 羊×9＝18 羊。

四牛二馬可賠償，即馬一隻可比二牛，

故 8 馬＝2 牛×8＝2 羊×2×8＝32 羊。

由是羊每隻應賠 6÷(14＋18＋32)＝0.09375(石)。

0.09375×14＝1.3125(石)。(羊應賠之數),

0.09375×18＝1.6875(石)。(牛應賠之數),

0.09375×32＝3(石)。(馬應賠之數)。

12. 有個公公不記年,手扶竹杖在門前,請問公公年幾歲,家中數目記分明,一兩八銖泥彈子,每歲盤中放一丸。日久歲深經雨濕,總然化作一泥團,稱重八斤零八兩,加減方知得幾年!(24 銖＝1 兩)

解:八斤八兩＝24×(16×8＋8)＝3264(銖)。

一兩八銖＝24×1＋8＝32(銖)。

故公公之年齡爲 3264÷32＝102(歲)。

13. 十五伙計同公宴,內有三人立心騙,食完托詞先跑去,帳目留落他人填,弄到其餘十二人,每人多出六角錢,此次公宴錢多少?在座諸位請算算!

解:先跑走 3 人,尚餘 15－3＝12(人),

每人多出六角錢,共多出 0.6×12＝7.2(元),而這多出的 7.2 元,就是跑去 3 人應出之銀數。

故每人應出 7.2÷3＝2.4(元)。

由是求得此次公宴所費總數爲

2.4×15＝36(元)。

14. 隔墻聽得客分銀,不知人數不知銀?七兩分之多四兩,九兩分之少半斤。(求人數和銀數)

解:七兩分之多四兩,九兩分之少八兩,可見每份多分 9－7

＝2(兩)，就相差 4＋8＝12(兩)。

可知有客 12÷2＝6(人)。

有銀 7×6＋4＝42＋4＝46(兩)。

15. 趙三小姐長針綫，紅絹一匹裁新衣，裁成八件欠丈二，若裁四件多丈四，不知實有絹多少？還問幾尺可成衣？

解：依盈虧問題，可寫一公式來解此題，即(按：公式不能强記，全在使之運用自如)

每件衣所需之絹＝(所欠長度＋所多長度)÷兩次所裁件數之差，

故每衣須絹(1.2＋1.4)÷(8－4)＝2.6÷4＝0.65(丈)，

而此正絹之長爲 0.65×4＋1.4＝4(丈)。

16. 某家請客鬧頻頻，命嬪洗碗在河濱，但聞碗聲叮噹響，不知家中有幾人？二人共餐一碗飯，三人共嘗一碗羹，四人共食一碗肉，六十五碗恰用盡。(求客人數)

解：二人共餐一碗飯，即每人能得飯$\frac{1}{2}$碗，三人共嘗一碗羹，即每人能得羹$\frac{1}{3}$碗，四人共食一碗肉，即每人能得肉$\frac{1}{4}$碗。

故每人食飯、羹、肉共$\frac{1}{2}+\frac{1}{3}+\frac{1}{4}=\frac{13}{12}$(碗)。

題云：六十五碗恰用盡，可知有客

$$65\div\frac{13}{12}=65\times\frac{12}{13}=60(\text{人})。$$

17. 趙嫂自言快織麻，李宅張家雇了她，李麻六斤十二兩，二斤四兩是張家；共織七十二尺布，二人分布鬧喧嘩，借問高明能算者，如何分得數無差？

解：

六斤十二兩＝16×6＋12

＝96＋12＝108(兩)。

二斤四兩＝16×2＋4

＝32＋4＝36(兩)。

108＋36＝144(兩)。

有麻144兩，便可織72尺長之布。

故麻每兩可織布72÷144＝0.5(尺)。

今李家有麻六斤十二兩，故可分得

0.5×108＝54(尺)。

張家分得0.5×36＝18(尺)

或72－54＝18(尺)。

18. 一個公公九個兒，若問生年總不知，自長排來差三歲，共年二百零七期(207歲)，借問長兒若干歲？各兒歲數要詳推！

解：自長排來差三歲，可知此題爲等差級數問題；一個公公九個兒，即項數＝9，共年二百零七期，即總和＝207，借問長兒若干歲，即求末項之意，而公差＝3(自長排來差三歲)。

由等差級數公式

末項＝(總和÷項數)＋[(項數－1)×公差]÷2

(207÷9)＋[(9－1)×3]÷2

＝23＋(8×3)÷2＝23＋12＝35。

故長兒35歲，而第二、第三、第四、第五、第六、第七、第八、第九各兒之歲數爲35－1×3，35－2×3，35－3×3，35－4×3，35－5×3，35－6×3，35－7×3，35－8×3；即32，29，26，23，20，17，14，11。

19. 三百七十八里關，初行健步不爲難，次日脚痛遞減半，六天始得到其關，要知每日行里數？請你仔細算相還！

解：設第六日所行爲 1，則第五日爲 1×2，第四日爲 $2\times2=4$，第三日爲 $4\times2=8$，第二日爲 $8\times2=16$，第一日 $16\times2=32$。故第六日所行里數爲

$$378\div(1+2+4+8+16+32)=378\div63=6。$$

第五日所行里數爲 $6\times2=12$，

第四日所行里數爲 $6\times4=24$，

第三日所行里數爲 $6\times8=48$，

第二日所行里數爲 $6\times16=96$，

第一日所行里數爲 $6\times32=192$。

20. 遠望巍巍塔七層，紅光點點倍加增，共燈三百八十一，請算尖頭幾盞燈？

解：此題仍如上題，爲等比級數之問題。即項數＝7，總和＝381，公比＝2(因紅光點點倍加增)。

由等比級數公式

$$\text{初項}=(\text{公比}-1)\times\text{總和}\div(\text{公比}^{\text{項數}}-1)，$$

故尖頭之燈數爲

$$(2-1)\times381\div(2^7-1)=381\div127=3。$$

或如前題，設塔尖爲 1，則第六層爲 2，第五層爲 4，第四層爲 8，第三層爲 16，第二層爲 32，第一層爲 64，而尖頭燈數＝$381\div(1+2+4+8+16+32+64)=381\div12=3$(盞)。

附録二　古算歌謡及書目(二十三題)

【句股和較名義】

横曰句。直曰股。斜者曰弦。假如句二十七步,股三十六步,弦四十五步;以句二十七股三十六相減,其差九曰較。以句股相併,得六十三曰和。以股三十六,減弦四十五,共差九,曰股弦較。以句二十七減弦四十五,共差十八曰句弦較。併句股共六十三減弦四十五之差,十八則曰弦和較。以弦四十五減句股之差九,共差三十六曰弦較較[①]。以股弦相併,得八十一,則曰股弦和。以句弦相併得七十二曰句弦和。以句股之差九,併弦共五十四則曰弦較和。併句股弦得一百零八曰弦和和[②]。倍弦實,即弦自乘倍之,得四千零五十,減句股和自乘,得三千九百六十九,餘八十一爲實;平方開之,得九爲句股較。以前倍弦實,減句股較九自乘,得八十一餘三千九百六十九平方開之,得六十三爲句股和。併句弦,共七十二除股自乘數,一千二百九十六得十八爲句弦較。即句弦之差十八,除股自乘,一千二百九十六得七十二爲句弦和。併得股弦,共八十一以除句自乘,七百二十九得

① 原書句讀有誤。——汪注

② 原書句讀有誤。——汪注

九爲股弦較。即股弦之差，九除句自乘七百二十九得八十一爲股弦和。以句股和六十三自乘，得三千九百六十九減弦自乘，二千零二十五餘一千九百四十四爲實；以弦較較三十六除之，得五十四爲弦較和。以弦較和除前實，亦得弦較較。以句弦之差九自乘，得八十一以減弦自乘，二千零二十五餘一千九百四十四爲實；以弦和和一百零八除之，得十八爲弦和較。以弦和較除前實，亦得弦和和。以句二十七加股弦較九共三十六即弦較較。以句二十七減股弦較，九餘十八即弦和較。以句加弦較和五十四共八十一即股弦和。以股三十六加句弦較十八共五十四即弦較和。以股三十六減句弦較十八餘十八即弦和較。以股加弦較較三十六共七十二即句弦和。以句股較九加股弦較九共十八即句弦較。以句股較九減股弦和八十一餘七十二即句弦和。以句股和六十三加股弦較九共七十二爲句弦和。以股弦和八十一減句股和六十三共七十二，半之爲股。以句股和六十三減句股較九，餘五十四，折半爲句。以股弦較九加股弦和八十一共九十，半之爲弦。以股弦和八十一減股弦較九，餘七十二，半之爲股。以句弦較十八加句弦和七十二共九十，半之爲弦。以句弦和七十二減句弦較十八，餘五十四，半之爲句。以弦和較十八加弦和和一百零八共一百二十六，半之爲句股和。以弦和和一百零八減弦和較十八，餘九十，半之爲弦。以弦較較三十六加弦較和五十四共九十，半之爲弦。以弦較和五十四減弦較較三十六，餘十八，半之爲較。

【句弦較股弦較歌】(即句弦差股弦差)

句弦股較法尤精，句乘股較二來因，平方開見弦和數，和加句較股份明，股較加和句可見，算師熟記看靈扃。

【句股論】

論曰:《周髀》云,折矩以爲句廣三,股修四,徑隅五,此句股之權輿與。其仰矩覆矩偃矩,以測高深廣遠所用;惟句與股,而未嘗及於和較,迨劉徽、趙友欽等割圓求周,而有和較之用;西人用六宗三要,以立八綫之表,爲句股者五千四百,其用宏矣。又豈三四五之所能限哉,然則三四五者,乃句股之始事也,而不能盡句股之蘊也;然諸家言句股者,設問多不能出句三股四,(皆句三股四之倍數)其法往往用之。本題則合,移之他數則不合,如《統宗》有句股,積有句弦,較求句者,倍積爲實。半較爲從,開方得句,有積有股,弦較求股者三倍積爲實。半較爲從,開方得股,按其數乃九倍句三股四而得者。依數求之,無不吻合,若另設句股數,其法舛矣;乃偶合耳,非通法也。大凡句股法,先知兩件,始可求其餘件,惟由句三股四來者,(如幾倍至數十百倍)衹知一件,即可以求其餘件。如有句股積而求句,則九因其積六而一開方得句。求股者置積十六乘之,六而一開方得股。求弦者置積二十五乘之,六而一開方得弦,無庸帶縱也。此先有積,須以積爲比例,故用開方;若先知句股弦而求諸數,衹須用乘除,不必開方,且其句弦較倍之即股,股弦較三倍之即句,併乘除俱省,然非通法也。其有句股積有句弦較,求句及有股弦較求股二題,《統宗》之法不可用,另立通法詳後。

【句股容方容圓共歌】

句股容方法最良,以句乘股實相當。併之句股數爲法,以法除實便知方;句股容圓法可知,句弦股數併爲奇。

【量木捆法】

捆有封書模樣,(捆法不一,一名一封書,一名方捆。)深闊各倍相乘,(如闊若干深若干俱各加倍以五寸爲一根,即倍法也。)丈五除長再乘行,(如長若干,以每根長一丈五尺除之,每數再乘)書捆加深爲定;(如一封書捆深闊長俱乘訖,又照原深若干加之也。)方捆須知加闊,(如方捆深闊長俱乘訖,又照原闊若干加之也。)荒深三折倍乘,(又名荒排者前異二形,即以深三歸而一方可倍之,即一尺二根也。)闊長皆是照前因,(雖荒排闊亦倍之,與三歸深者相乘,長亦照前丈五除者相乘。)三折一加有準。(但荒排闊深長俱乘訖,亦照深三歸而一加之。)

【孫子歌】

三人同行七十稀,五樹梅花廿一枝,七子團圓正半月,除百零五便得知。

【堆垛歌】

缶瓶堆垛要推詳,底脚先將闊減長,餘數折來添半個,併入長内闊乘之;再將闊搭一乘實,以三除之數相當,一面尖堆衹添一,乘來折半積如常。三角果垛亦堪知,脚底先求個數齊,一二添來乘兩邊,六而取一不差幾。

【築堤歌】

築堤之法最蹊蹺,東高倍之加西高,上下廣併乘折半,西高另倍加東高,上下廣併仍乘折,兩折數併共相交,卻用原長乘爲實,五歸其實積無饒。

【築臺歌】

築臺丈尺要推詳，上長倍之加下長，上廣乘之别列位，另倍下長加上長，仍以下廣乘見數，二數共併積相當，原高乘併積爲實，六歸實數積如常。

【環田截積歌】

環田要截外周積，倍積二周差步乘；原徑爲法除見數，另以外周周自乘；以少減多餘作實，開方便得内周成；二周相減餘零數，六而取一徑分明。

【立圓法歌】

立圓問徑法何如，十六乘積，九歸除得數，又將爲實積，立方開見，更何如立圓，若問周圍數積，用四十八乘之，乘爲實積用開立，不患周圍數不知。

【平圓法歌】

平圓之法若求周，十二乘積數可求，求徑四因三而一，問平方法以除收。

【方圓三棱總歌】

方圓三棱求周數，各減總一分明布，十六乘方帶縱八，十二乘圓加縱六，十八三棱，縱九，俱用帶縱開方術，倍方不倍縱，開除，何愁外周不知數。

【還原束法歌】

四方之束添八乘，十六歸除數頗明。圓束外周加六湊，乘來十二法除清。三角加九乘周數，十八歸除不差争，各要臨時添一數（即中心也），束積推詳數可成。

【圭田截積歌】

圭田截積小頭知，倍積原最以乘之，原闊歸除爲實積，開方便見截最宜；仍以截長乘原闊，原長爲法以除之，除來便見截闊數，法明簡易不須疑。

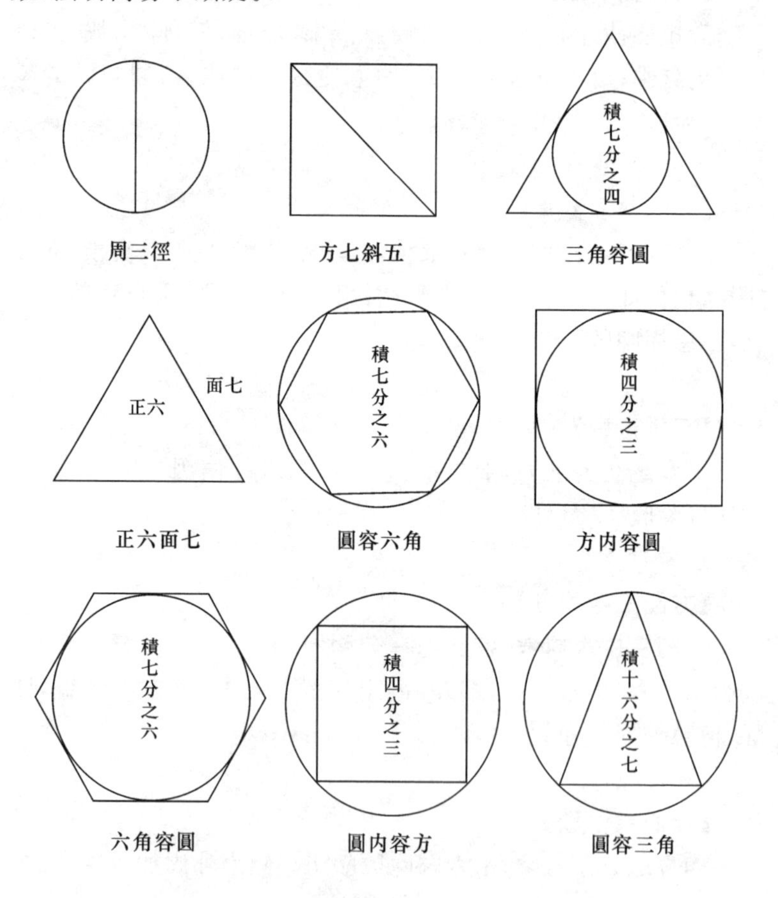

周三徑　方七斜五　三角容圓

正六面七　圓容六角　方内容圓

六角容圓　圓内容方　圓容三角

【仙人撫影歌】(又曰貴賤相和)

貴賤相和换影仙,賤物互乘貴價錢,貴物互乘賤價訖,相減餘爲長法然;先使總錢乘賤物,後用總物乘賤錢;二數相減餘爲實,長法除之短法言。

貴物貴賤各乘短,物價分明皆得全;總内減貴餘爲賤,不與知音不與傳。

【商功歌】

商功須要問工程,長闊相乘深又乘,乘此數來以爲實,每日工程爲法行;唯以築城别一樣,上下將來折半平,高以乘之又乘長,以爲乘積甚分明,五因其積三而一,此是堅求壤法行;穿地四因爲壤積,法中仍用五歸成。

【九章名義】

按周禮九數:一曰方田,以御田疇界域;一曰粟米(一名粟布),以御交質變易;一曰差分(一名衰分),以御貴賤廩税;一曰少廣,以御冪積方圓;一曰商功,以御功程積實;一曰均輸,以御遠近勞費;一曰盈朒(一名盈不足),以御隱雜互見;一曰方程,以御錯糅正負;一曰句股(一名旁要),以御高深廣遠。

【度量權衡皆生於黄鐘之管】

[度] 黄鐘之管,長九寸横排秬黍中者,九十粒,一粒爲一分,十分爲寸,十寸爲尺,十尺爲丈,十丈爲引。

[量] 黄鐘之管,内容秬黍中者,千二百粒爲一龠,十龠爲合,十合爲升,十升爲斗,十斗爲斛。

[權衡] 黄鐘之管,容千二百黍爲龠,龠重十二銖,二之爲

兩，十六兩爲斤，三十斤爲鈞，四鈞爲石。

【整數】(自單以上)

凡度量衡，自單以上曰：十、百、千、萬、億、兆、京、垓、秭、穰、溝、澗、正載、極、恒河沙、阿僧祇、那由他、不可思議、無量數。(自萬以下，皆以十進，自億以上，有以十進者，如十萬曰億，十億曰兆之類，謂之小數；有以萬進者，如萬萬曰億，萬億曰兆之類，謂之中數，有以自乘之數進者，如萬萬曰億，億億曰兆之類，謂之大數；今皆從中數。)

【零數】(自單以下)

［度法］丈以下曰尺(十寸以下皆以十析)，寸、分、釐、毫、絲、忽、微、纖、沙、塵、埃、渺漠、模糊、逡巡、須臾、瞬息、彈指、刹那、六德、虛空、清靜。(自模糊以下雖有其名，公私皆不可用。)

［量法］石以下曰斗(十升以下皆爲十析)，升、合、勺、撮、抄、圭、(六粟)粟。

［衡法］兩以下曰錢(十分以下皆爲十析)，分釐以下，併與度法同。

［曆法］單位宫(三十度)度、(六十分古法用百分，今下皆以六十遞析)分、秒、微、纖、忽、芒、塵。

又日(十二時)時、(八刻)刻、(十五分)以下同前。

［田法］單位頃(百畝)、畝(積二百四十步)、步(方五尺積二十五尺)、分(積二十四步)、角(四分畝之一，積六十步)。

［里法］三百六十步。

［斛法］三千一百六十寸。(《統宗》用二千五百寸爲一石，古法也，今蒙養齋取户部斛斗較之，得此數，詳粟布章。)

【古今算法書目】

宋元豐七年刊十書入秘書省，又刻於汀州學校：

《黄帝九章》《周髀算經》《五經算法》《海島算經》《孫子算經》《張丘建算經》《五曹算法》《緝古算法》《夏侯陽算法》《算術拾遺》。

元豐、紹興、淳熙以來刊刻者多，且以見聞者著之：

《議古根原》《益古算法》《証古算法》《明古算法》《辨古算法》《明源算法》《金科算法》《指南算法》《應用算法》《曹唐算法》《賈憲九章》《通微集》《通機集》《盤珠算》《走盤集》《三元化零歌》《鈐經》《鈐釋》。

嘉定、咸淳、德祐等年又刊各書：

《詳解黄帝九章》《詳解日用算法》《乘除通變本末》《續古摘奇算法》（以上俱出楊輝《摘奇》内）、《詳明算法》（元儒安止齋、何平子作，有乘除而無九章）、《九章通明算法》（永樂二十二年臨江劉仕隆作九章而無乘除等法，後作難題三十三款）、《指明算法》（正統己未江寧夏源澤作，九章不全）、《九章比類算法》（景泰庚午錢塘吴信民作，共八本分九章，每章後有難題，其書章類繁亂者多）、《算學通衍》（成化壬辰京兆劉洪作）、《九章詳注算法》（成化戊戌金陵許榮作，採取吴氏法）、《九章詳通算法》（成化癸卯鄱陽余進作，採取詳明通明法）、《啓蒙發明算法》（嘉靖丙戌福山鄭高昇作）、《馬傑改正算法》（河間吴橋人，嘉靖戊戌作，無乘除，只改錢塘吴信民法，反正爲邪，今予辨明，免誤後學）、《句股算術》（嘉靖癸巳吴興尚書箬溪顧應祥作，無乘除）、《正明算法》（嘉靖己亥金臺張爵作）、《算理明解》（嘉靖庚子江西寧都陳必智作）、《訂正算法》（嘉靖庚子浙東會稽林高作，詳解定位）、《測圓海鏡》（嘉靖庚戌學士欒城李冶作，無乘除，按李冶係元學士，今作嘉靖庚戌,誤也)、《孤矢弦術》(嘉靖壬子顧箬溪作,無乘除)、《算林拔萃》(隆慶壬申宛陵太邑楊溥作)、《一鴻算法》(萬曆甲申銀邑余楷作)、《重名算法》《庸章算法》(萬曆戊子新安朱元濬作)。

柳下居士曰:嘗考漢文志,有《許商算法》二十六卷,《杜忠算術》十六卷,洎唐博士肄習具有十經。又祖沖之撰《綴術》五卷,信都芳撰《器準》三卷,李籍撰《周髀音義》,今略不一覯,《統宗》所載宋後刊刻古算書,惟劉徽《九章》,尚有宋板嘗於黄俞邰太史處,見其方田一章算書中,此爲最古。又吴信民《九章比類》①,嘗從西域伍爾章家借讀,書可盈尺,《統宗》不能及也。又山陰楊述學著《厲宗算會》,於開方、弧矢頗詳,書亦在《統宗》前,想程氏未之見。後此作者如李長茂之《算海説詳》,亦有發明,但不具九章。

【清代算學書目】

《御製數理精藴》(四十五卷内分綫面體,末四部康熙己亥翰林梅㲄成等編)、《度數衍》(方位伯中通著,桐城人,康熙某年刻於《九章》之外,蒐羅甚富)、《數學鑰》(康熙二十六年舉人杜端甫知耕著,柘城人,注《九章》,頗中肯綮)、《籌算》(七卷,宣城梅定九先生著,康熙(失考)年蔡璣先刻於金陵,後江常鎮道魏公荔彤重刻於《曆算全書》内)、《筆算》五卷、《平三角》五卷、《弧三法》五卷、《塹堵測量》二卷、《環中黍尺》五卷、《方程論》六卷。

以上六種,俱宣城梅先生著,安溪李文貞公併《曆學疑問》《曆學駢枝》《交食蒙求》,俱刻於上谷板歸安溪江常鎮道魏公重刻於《曆算全書》内。

《度算釋例》二卷、《少廣拾遺》一卷、《句股舉隅》《幾何通解》

---

① 原書句讀有誤。——汪注

《方圓冪積》《幾何補編》《方田通法》《古算器考》《垛積招差》。

以上九種俱宣城梅先生著，江常鎮道魏公併曆法書十餘種，共刻爲《曆算全書》。梅循齋先生因魏公所刻《曆算全書》編次繆亂，重爲釐正，汰其僞附，去其重複，正其魯魚而爲《曆算叢書輯要》六十二卷。

跋

余既寫畢此書後，復忘其難題原本所自，兹略述之。賓渠子曰：難題昉於永樂四年，臨江劉仕隆偕[1]内閣諸君預修《永樂大典》，退公之暇，編成雜法，附於《九章通明》之後及錢塘吴信民《九章比類》與諸家算法中，用詩詞歌括總集，名曰難題。新安賓渠子復明其立法，分列九章，附於《統宗》之後，宣城柳下居士梅瑴成循齋復增删之。餘則見於《增删算法統宗》一書也。

肇薰劉操南再書

（原載《數學難題新解》，上海經緯書局 1944 年版）

編者説明：《數學難題新解》得入全集，殊爲不易，亦頗"神奇"。書稿蓋成於 1938 年，其時先生甫冠，考入國立浙江大學（先入史地系，後轉土木系，後爲新成立之中國文學系首届唯一學生）。是書於 1944 年由上海經緯書局出版，時值抗戰期間，先生已隨學校西遷遵義、湄潭，1946 年方得還杭州，此後直至去

① 原書誤爲"階"。——汪注

世，竟未睹其書。數十年來，先生子女劉文涵等不懈尋找，唯見遼寧圖書館有藏，請求借閲，館方以書庫維修婉拒，僅提供封面照片一幀及《自序》《跋》影本；稍後再次請求，館方答覆已不見矣。及編全集，先生弟子陳飛及其學生王娟等遍尋，並拜託詹福瑞、白雪華、張劍等通人專家查詢國家圖書館、中國社會科學院圖書館、北大圖書館及遼寧圖書館等，皆報無有。遂絶望，以爲不復存於天壤間矣！歎惜悵恨久之，孰料 2018 年 8 月，有網名"蟲夫子"者，由王娟網文獲悉其事，慨然將其所藏《數學難題新解》一册捐賜，堅辭謝儀並隱真名，全然出於道義與學術也！此固君子之高行嘉惠，抑天地垂鑒於先生治學之悲寂及後人訪尋之誠苦而予示現以成全集耶？衆感拜歎奇，命余記之。

余觀是書，約爲大 64 開本，袖珍便攜。封面左上方小字仿宋體題"經緯百科叢書之三二九"；其下居中大字黑體題"數學難題新解"；其下居右大字仿宋體題"劉操南編"；其下居中大幅封面圖案，其下居中次大字黑體題"上海經緯書局發行"。封面右邊及右下角有破損和墨漬，書名與圖案之間有藍墨鋼筆字"送給袁静宜老師"；左下方、《自序》頁及正文首頁有同款朱印陽文，經專家辨識爲"樂天齊家"。内文每頁 21 行，行 22 字，共 104 頁。封底用白紙包補，蓋原底已佚。出版時間未見標署，據遼圖編目爲"民國三十三年(1944)"。此番收入全集，由汪曉勤核編(注稱"汪注")，後由陳飛審訂統理並略記云。

《緝古算經》箋釋

[唐]王孝通　撰注
劉操南　箋釋

目 録

自　序

古之算學著述，往往提出問題，立術答數；而於其立術之所以然，與夫演算過程，則闕如也。《海島算經》運用相似三角形原理，《緝古算經》演開帶縱立方法，術意俱未詳加闡述。《緝古算經》於古算經爲深，入算繁賾，號稱難治。傳本文字訛奪尤多。張敦仁撰《緝古算經》三卷，運用代數術驗證，陳杰撰《緝古算經細草》一卷、《圖解》三卷、《音義》一卷，運用幾何學爲解，俱苦未符原意。李潢撰《緝古算經考注》衍《九章算術》解之，始得其秘，然尚有未盡者也。今考算術源流，冀求古人之意，達以今人之筆。補圖演算，校釋文字，用新符號，草爲新解。綴學之士，或可采之作參考乎？

後學劉操南書

凡　例

一、是書現行刻本，有羅江李雨村（李調元）所刻函海本，長塘鮑以文（鮑廷博）所刻知不足齋叢書本，闕里孔體生（孔繼涵）所刻微波榭算經十書本。清人研究是書之著述，有張敦仁《緝古算經細草》，李潢《緝古算經考注》，陳杰《緝古算經細草》《緝古算經圖解》《緝古算經音義》三種。諸書雖皆依汲古閣毛氏影宋刊本重雕，然亦互有異同。其原委詳"叙録"[①]中。此釋以李潢考注本爲底本。

二、王孝通氏自稱凡二十術。今按其書，凡設問答二十。其一問一答，或一術，或二術，或三四術不等。今命二十術爲二十問，依次第稱，便翻檢也。

三、本釋曾參考張氏、李氏、陳氏及時賢許莼舫氏諸家之説。雖名箋釋，意欲參左。苟能就古人之意，達以今人之筆，使王氏之蘊，復明其世，則甚幸矣。

四、不佞學術譾陋，雖四易所稿，然疏漏之處未可免也。惟或可爲初學讀古算之一助云爾。

---

① 編者注：叙録爲《〈緝古算經〉叙録》，載全集第十五册《古籍與科學》。

上《緝古算經》表

[唐]王孝通

臣孝通言：臣聞九疇載叙，紀法著於彝倫；六藝成功，數術參於造化。夫爲君上者，司牧黔首，布神道而設教，采能事而經綸，盡性窮源，莫重於算。昔周公制禮，有九數之名。竊尋九數，即《九章》是也。其理幽而微，其形秘而約，重句聊用測海，寸木可以量天，非宇宙之至精，其孰能與於此者？漢代張蒼删補殘缺，校其條目，頗與古術不同。魏朝劉徽篤好斯言，博綜纖隱，更爲之注。徽思極毫芒，觸類增長，乃造重差之法，列於終篇。雖即未爲司南，然亦一時獨步。自兹厥後，不繼前蹤。賀循、徐岳之徒，王彪、甄鸞之輩，會通之數無聞焉耳。但舊經殘駁，尚有闕漏，自劉已下，更不足言。其祖暅之《綴術》，時人稱之精妙，曾不覺方邑進行之術，全錯不通；芻亭方亭之問，於理未盡。臣今更作新術，於此附伸。

臣長自閭閻，少小學算。鐫磨愚鈍，迄將皓首。鑽尋秘奥，曲盡無遺。代乏知音，終成寡和。伏蒙聖朝收拾，用臣爲太史丞，比年已來，奉敕校勘傅仁均曆，凡駁正術錯三十餘道，即付太史施行。伏尋《九章·商功篇》有平地役功受袤之術，至於上寬下狹、前高後卑，正經之内，闕而不論，致使今代之人不達深理，就平正之間，同欹邪之用。斯乃圓孔方枘，如何可安？臣晝思夜想，臨書浩歎，恐一旦瞑目，將來莫睹。遂於平地之餘，續狹斜之法，凡二十術，名曰《緝古》。請訪能算之人，考論得失，如有排其一字，臣欲謝以千金。輕用陳聞，伏深戰悚。謹言。

第一問

假令天正十一月朔、夜半，日在斗十度、七百分度之四百八十。以章歲爲母，朔月行定分九千，朔日定小餘一萬，日法二萬，章歲七百，亦名行分也①。今不取加時日②度，問天正朔夜半之時，月在何處？

王氏自注：推朔夜半月度舊術，要須加時日度。自古先儒，雖復修撰改制，意見甚衆，並未得算妙，有理不盡，考校尤難。臣每日夜思量，常以此理屈滯，恐後代無人知者。今奉敕造曆，因即改制，爲此新術。舊推日度之術，已得朔夜半日度，仍須更求加時日度，然知月處。臣今作新術，但得朔夜半日度，不須加時日度，即知月處。此新術比於舊術，一年之中十二倍省功，使學者易知。

李潢以爲問語及注文多複亂，今録其校文於後。

假令天正十一月朔、夜半，日在斗十度、七百分度之四百八十。以章歲爲母，朔月行定分九千，朔日定小餘一萬，日法二萬，章歲七百，亦名行分法。舊推日度之術，已得朔夜半日度，仍須更求加時日度，乃知月處。臣今作新術，不取加時日度，問天正朔夜半之時，月在何處？

自注：推朔夜半月度舊術，要加時日度。自古先儒，雖復修撰改制，意見甚衆，並未得算妙，有理不盡，考校尤難。臣每日夜思量，常以此理屈滯，恐後代無人知者。今奉敕造曆，爲此新術，

① 也，李潢《緝古算經考注》校："當作法，據戊寅元術校改。"下簡稱"李校"。

② 李校："脱日字。"

但得朔夜半日度,不須加時日度,即知月處。比於舊術,一年之中十二倍省功,使學者易知。

答曰:在斗四度七百分度之五百三十。

術曰:[①]以章歲減朔月行定分,餘,以乘朔日定小餘,滿日法而一,爲先行分。不盡者,半法已上收成一,已上[②]者棄之。若先行分滿日行分而一爲度分,以減朔日夜半日所在度分。若度分不足減,加往宿度。其分不足減者,退一度爲行分而減之。餘,即朔日夜半月行所在度及分也。

自注:凡入曆當月行定分,即是月一日之行分。但此定分滿章歲而一爲度。凡日一日行一度,然則章歲者,即是日之一日行分也。今按《九章·均輸篇》有"犬追兔術",與此術相似。彼問:"犬走一百步,兔走七十步。今兔先走七十五步,犬始追之,問幾何步追及。"答曰:"二百五十步追及。"彼術曰:"以兔走減犬走,餘者爲法。又以犬走乘兔先走爲實,實如法而一,即得追及步數。"此術亦然。何者?假令月行定分九千,章歲七百,即是日行七百分,月行九千分。令日月行數相減,餘八千三百分者,是日先行之數,然月始追之,必用一日而相及也。今定小餘者,亦是日月相及之日分。假令定小餘一萬,即相及定分,此乃無對爲數。其日法者,亦是相及之分,此又同數,爲有八千三百是先行分也,斯則異矣。但用日法除之,得四千一百五十,即先行分。夜半之時,日在月前,月在日後,以日月相去之數,四千一百五十減日行所在度分,即月夜半所在度分也。

---

① "術曰"後原有"推朔夜半月度新術不復加時日度,月蝕乃可用之。李校不復當以前注作不須,月蝕當作有定小餘"一段小字注文。——陳注

② 上,李校:"當作下。"

操南案：天正猶言歲之首月。古人謂改正朔，其事即改歲之首月。《史記》曰：夏正以正月，殷正以十二月，周正以十一月。其意猶言夏以正月爲首月，殷以十二月爲首月，周以十一月爲首月也。古人又以人、地、天爲正之次第，以述夏、商、周之曆。朱子《論語集注》曰："夏以寅爲人正，商以丑爲地正，周以子爲天正。"即夏以建寅之月爲正月，商以建丑之月爲正月，周以建子之月爲正月也。此言天正十一月朔夜半，即歲首十一月朔夜半也。朔者，日月同度，謂之合朔。今在合朔之前夜半時。

斗者，周天二十八宿南斗之宿，黄道所經歷。題示日在斗十度七百分度之四百八十，雖未明言冬至所至，其意實暗指此爲當時冬至日所在處也。今已知合朔前夜半時日所在度分，將進而求月所在度分。

何謂章歲？古者推步，必先若干歲氣朔分齊之時。此氣朔分齊便爲章歲。漢《四分曆》，一年之長爲三百六十五又四分之一日。一月之長爲二十九日又十萬分之五萬三千八十五日。十九年月繞天運轉二百三十五周。十九年日行 $365.25\times19=6939.75$，十九年月行 $29.53085\times235=6939.75$，兩者適相等。十九年月行二百三十五周，月年行十二周，則十九年月行 $235-19\times12=7$，二百三十五周減二百二十八周，餘七周，置閏月，故十九年七閏。亦即曆家所謂章歲十九，章閏七。唐戊寅術，歲實朔實，比過去精密。歲實爲 365.24461115，朔實爲 29.53060126，故章歲章閏隨之變動。以六百七十六爲章歲，二百四十九爲章閏。王孝通在武德六年官算曆博士。武德九年五月二日嘗與南宫子明、薛弘疑、崔善爲共校傅仁均《戊寅元曆》。後爲通直郎太史丞，撰《緝古算經》二十問。故《緝古》所用曆法，當即戊寅術。戊寅術，章歲六百七十六，此言七百者，乃舉其成數而言也。

月行定分者，即每日月行分也。其數以章歲爲分母，章閏爲分子，取月行度通分加子得之。如《四分曆》，月每日行天十三度又十九分度之七，以十九通十三度得二百四十七，加子七，得二百五十四，即是月行定分二百五十四也。戊寅術爲 $13\frac{249}{676}=\frac{9037}{676}$，當得月行定分九千三十七。此言九千者，亦舉其成數言也。

小餘者，自上元冬至至所求之年冬至共積若干日，此若干日外不成日之餘分也。日法以一日化爲若干分，此若干分法，術各不同。戊寅術以一萬三千六百爲日法。此言二萬，亦舉其成數而言也。

亦名行分法，法誤作“也”。當據《唐書》戊寅術改。李潢、陳杰皆有辨。行分者，日行分也。日行天一度，古法以章歲爲度法，爲日行分。戊寅術仍以章歲爲日行分。

“舊推日度之術”至“臣今作新術”三十字，據李潢補。《新唐書·志》戊寅術曰：“得天正平朔前夜半日度及分，累加一度得次日，以行分法乘朔望，定小餘，以九百二十九除爲度分，又以十四約爲行分，以加夜半度爲朔望加時日度。定朔加時，日月同度，望則因加日度百八十二、行分四百二十六、小分十太。以夜半入曆，日餘乘行差，滿曆法得一，以進加退減曆行分爲行定分，以朔定小餘乘之，滿日法得一，爲行分，以減加時月度，爲朔望夜半月度，求次日，加月行定分累之。”

王孝通以已知日所在度分求月所在度分術與《九章算术·均輸篇》求“犬追兔術”同。此所謂同者，乃同運用比例術以解之也。

設犬走 100 步，兔走 70 步；今兔先走 75 步，問犬追及步數？

犬走：(犬走－兔走)＝犬追及步數：兔先走；

$100：30＝x：75$；

$$x=\frac{100\times75}{30}=250。$$

今知歲首十一月合朔前夜半時日所在度分,求月所在度分。法先求日月相去度分。日月相去度分,即日先行分,亦即夜半至朔日月所行差分。此差分與每日日月所行差分比例等。試以圖説明之。

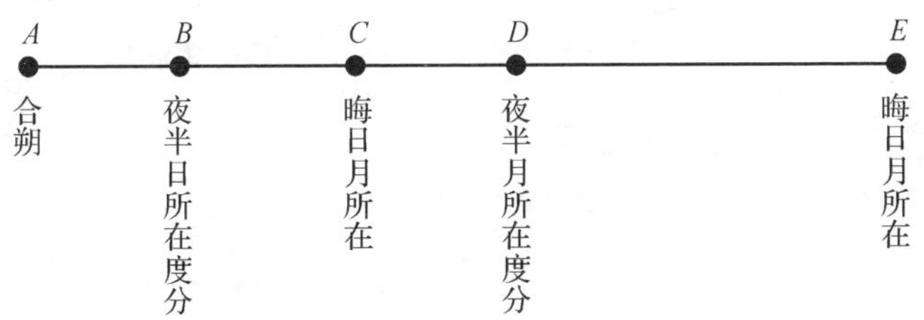

AE 爲月行定分,已知數 9000;

AC 爲日行定分,已知數 700;

CE 爲每日日月差分,推得 9000－700＝8300;

AD 爲夜半至朔月行定分,一日月行定分之半,推得 4500;

AB 爲夜半至朔日行定分,一日日行定分之半,推得 350;

BD 爲夜半至朔差分,即日月相去度分,亦即日先行分,爲所求數。

依比例術求 BD 得三式:

日法：小餘＝每日差：先行分＝CE：BD;

AC：AB＝CE：BD;

AE：AD＝CE：BD。

依數推算三式:

$$BD=\frac{(9000-700)\times1000}{2000}=4150,$$

$$BD=\frac{(9000-700)\times 350}{700}=4150,$$

$$BD=\frac{(9000-700)\times 4500}{9000}=4150,$$

皆得先行分 4150,以日行所在度分減之,得

$$10\,\frac{480}{700}-\frac{4150}{700}=4\,\frac{530}{700},$$

得月夜半所在度分斗四度七百分度之五百三十。

第二問

假令太史造仰觀臺，上廣袤少，下廣袤多。上、下廣差二丈，上、下袤差四丈，上廣袤差三丈，高多上廣一十一丈。甲縣差一千四百一十八人，乙縣差三千二百二十二人，夏程人功常積七十五尺，限五日役臺畢。羨道從臺南面起，上廣多下廣一丈二尺，少袤一百四尺，高多袤四丈。甲縣一十三鄉，乙縣四十三鄉，每鄉別均賦常積六千三百尺，限一日役羨道畢。二縣差到人共造仰觀臺，二縣鄉人共造羨道，皆從先給甲縣，以次與乙縣。臺自下基給高，道自初登給袤。問臺道廣、高、袤，及縣別給高、廣、袤，各幾何？

答曰：

臺高一十八丈，

上廣七丈，

下廣九丈，

上袤一十丈，

下袤一十四丈。

甲縣給高四丈五尺，

上廣八丈五尺，

下廣九丈，

上袤一十三丈，

下袤一十四丈。

乙縣給高一十三丈五尺，

上廣七丈，

下廣八丈五尺，

上袤一十丈，

下袤一十三丈，

羨道高一十八丈，

上廣三丈六尺，

下廣二丈四尺，

袤一十四丈。

甲縣鄉人給高九丈，

上廣三丈，

下廣二丈四尺，

上袤七丈，

下袤一十四丈。

乙縣鄉人給高九丈，

上廣三丈六尺，

下廣三丈，

下袤七丈。

李潢云："原本各答數，皆以上廣、下廣、上袤、下袤爲次。通檢各條，皆上廣、上袤、下廣、下袤，各以類從，不得此條獨異。又臺下廣、下袤即甲下廣、下袤。甲上廣、上袤即乙下廣、下袤，乙上廣、上袤即臺上廣、上袤。羨道下廣即甲下廣，甲上廣即乙下廣，乙上廣即羨道上廣。各條類此者，悉不復舉，此皆備書。又羨道上本無袤，於甲增出上袤。又云下袤一十四丈，大乖。以袤均積之法，尤爲紕繆。"今録其據本書義例校正之文於次。

臺高一十八丈，

上廣七丈，

上袤一十丈，

下廣九丈，

下袤一十四丈。

甲縣給高四丈五尺，
上廣八丈五尺，
上袤一十三丈。
乙縣給高一十三丈五尺，
上廣七丈，
上袤一十丈。
羡道高一十八丈，
上廣三丈六尺，
下廣二丈四尺，
袤一十四丈。
甲縣鄉人給高九丈，
上廣三丈，
袤七丈。
乙縣鄉人給高一十八丈，
上廣三丈六尺，
袤七丈。

術①曰：以程功尺數乘二縣人，又以限日乘之，爲臺積。又以上、下袤差，乘上、下廣差，三而一，爲隅陽冪。以乘截高，爲隅陽截積。又半上、下廣差，乘斬②上袤，爲隅頭冪。以乘截高，爲隅頭截積。所得③并二積，以減臺積，餘爲實。以上、下廣差，并上、下袤差，半之爲正數，加截④上袤，以乘截高，所得增隅陽冪，

① 李潢據本書爲術之例言之，"術"字之前宜有"求臺上下廣、袤、高"七字。
② 斬，李校："當作塹。"
③ 李校："所得二字衍。"
④ 截，李校："當作塹。"

加隅頭冪,爲方法。又并截高及截[①]上袤,與正數爲廉法。從,開立方除之,即得上廣。各加差,得臺下廣及上、下袤、高。

操南案:仰觀臺形如米斛,上小下大。剖之,中有立方體一。其積以上廣、上袤相乘,又以高乘之。此體又可剖爲二,一以上廣爲底,以高乘之。一以上袤減上廣,以上廣乘之,又以高乘之。如圖1—3。

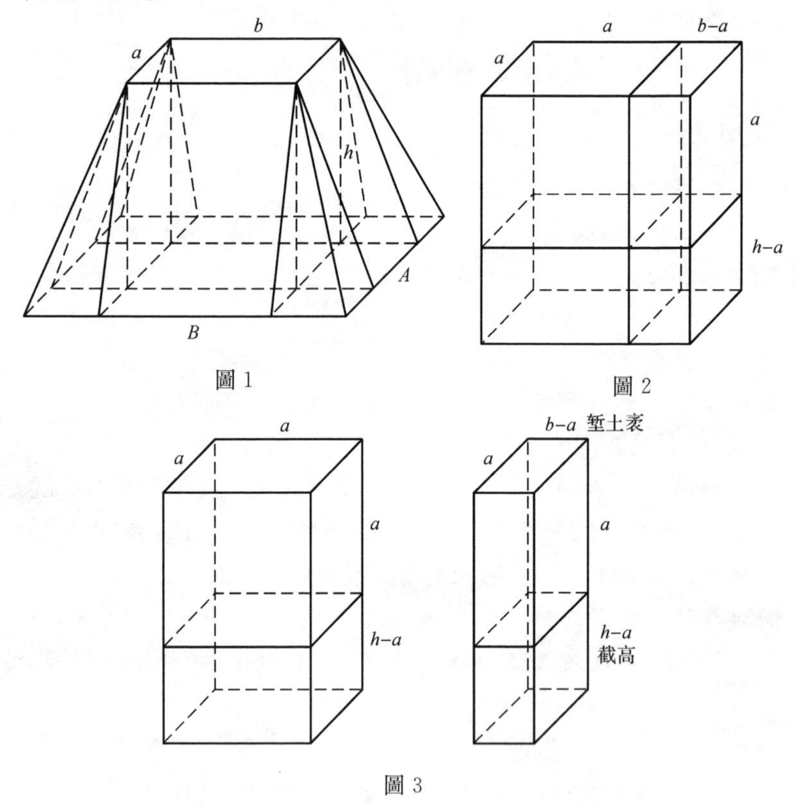

圖1

圖2

圖3

① 截,李校:"當作塹。"

設 a 爲上廣，A 爲下廣，b 爲上袤，B 爲下袤，h 爲高。已知 $A-a=2, B-b=4, b-a=3, h-a=11$。

立方體體積爲 abh 或爲 $a^2h+(b-a)ah$。

立方居中，前後左右有塹堵四。左右兩塹堵，其積以半袤差乘上廣，又以高乘之，即

$$\frac{1}{2}\times\frac{B-b}{2}ah\times 2=\frac{B-b}{2}ah，如圖 4。$$

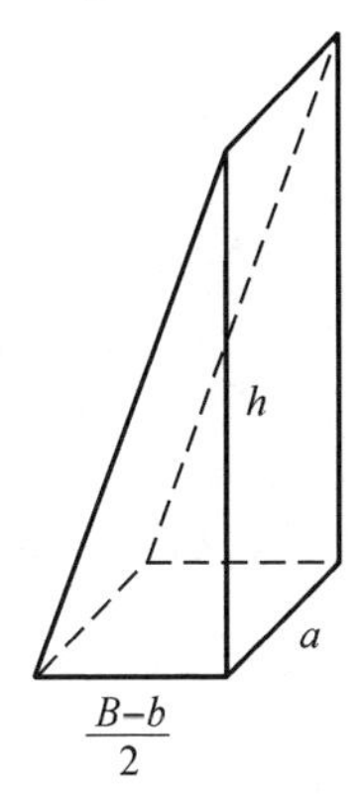

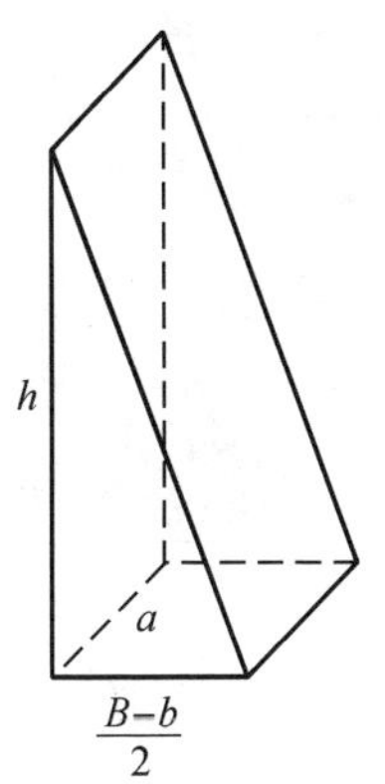

圖 4

前後兩塹堵，其積以半廣差乘上袤，又以高乘之，即 $\frac{A-a}{2}bh$，如圖 5。

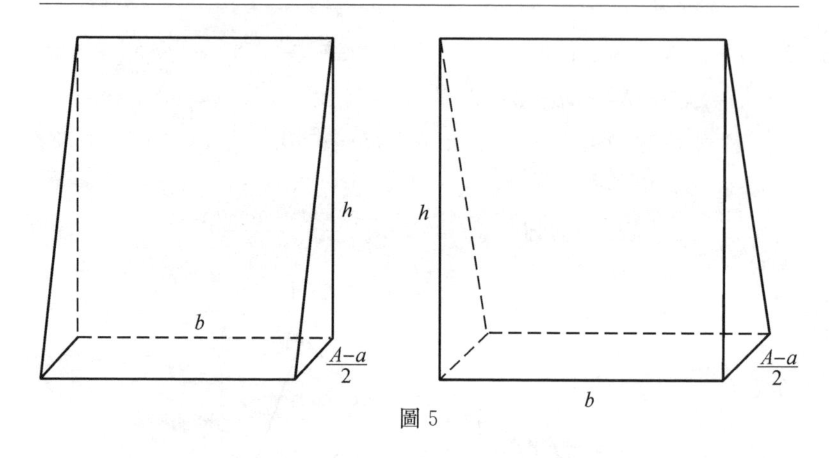

圖 5

四隅有陽馬四，其積半廣差乘半袤差，又以高乘之，三而一。即

$$\frac{1}{3}\times\frac{A-a}{2}\times\frac{B-b}{2}\times h\times 4=\frac{1}{3}(A-a)(B-b)h$$，如圖 6。

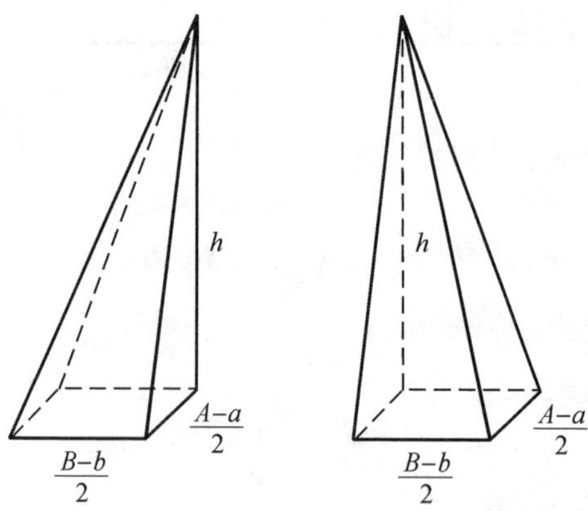

圖 6A

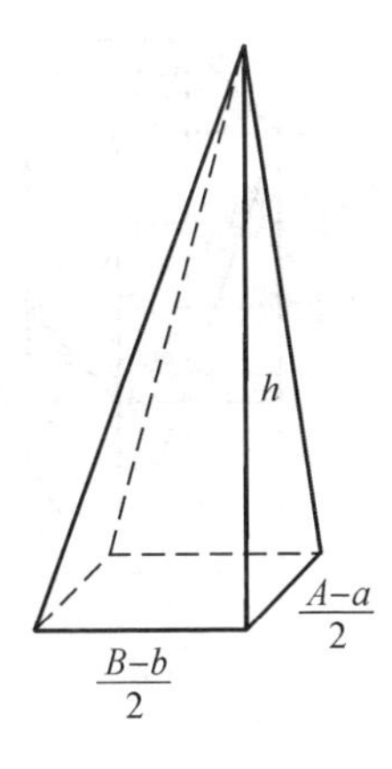

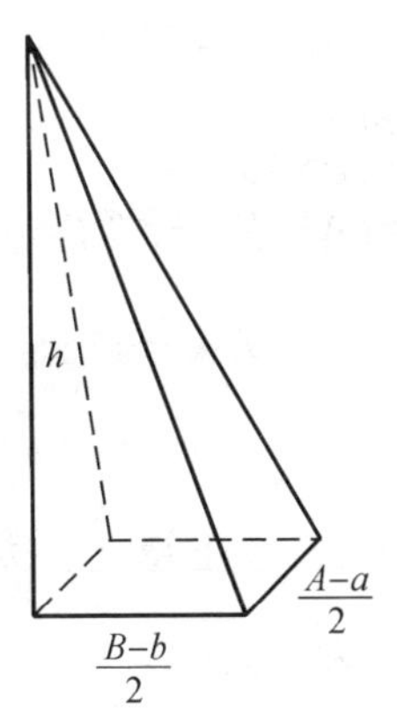

图 6B

兩立方、兩左右塹堵、兩前後塹堵、四陽馬并之，即臺積：

$$V=a^2h+(b-a)ah+\frac{1}{2}(B-b)ah+\frac{1}{2}(A-a)bh$$

$$+\frac{1}{3}(A-a)(B-b)h。$$

中央一立方體，又分爲四積。

(1)a^3，上廣自乘、又以上廣乘之，正立方一；

(2)$a^2(h-a)$，上廣自乘、又乘截高之方廉一；

(3)$a(b-a)a=a^2(b-a)$，上廣乘塹上袤（即上廣自乘，又乘塹上袤也）、又乘上廣之方廉一；

(4)$a(b-a)(h-a)$，上廣乘塹上袤、又乘截高之從方一。

左右兩短塹堵合爲一立方，又可分爲二積：

(1)$\frac{1}{2}(B-b)a^2$，半袤差乘上廣、又乘上廣之方廉一；

(2)$\frac{1}{2}(B-b)a(h-a)$，半袤差乘上廣、又乘截高之從方一。

如圖 7 所示。

前後兩長壍堵合爲一立方，又可分爲四積：

(1)$\frac{1}{2}(A-a)a^2$，半廣差乘上廣、又乘上廣之方廉一；

(2)$\frac{1}{2}(A-a)(b-a)a$，半廣差乘壍上袤、又乘上廣之從方一；

(3)$\frac{1}{2}(A-a)a(h-a)$，半廣差乘上廣、又乘截高之從方一；

(4)$\frac{1}{2}(A-a)(b-a)(h-a)$，半廣差乘壍上袤、又乘截高之隅頭截積一。

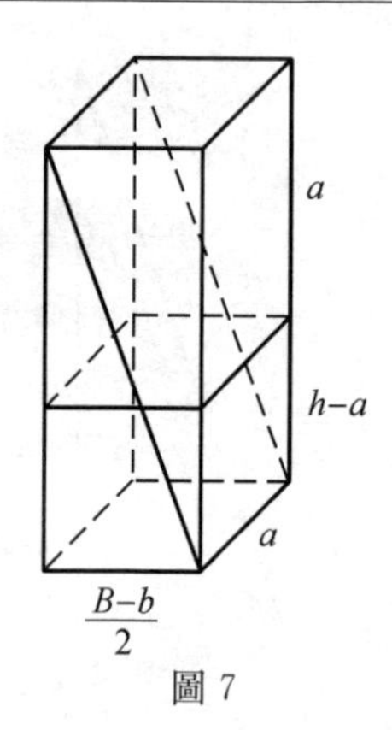

圖 7

如圖 8 所示。

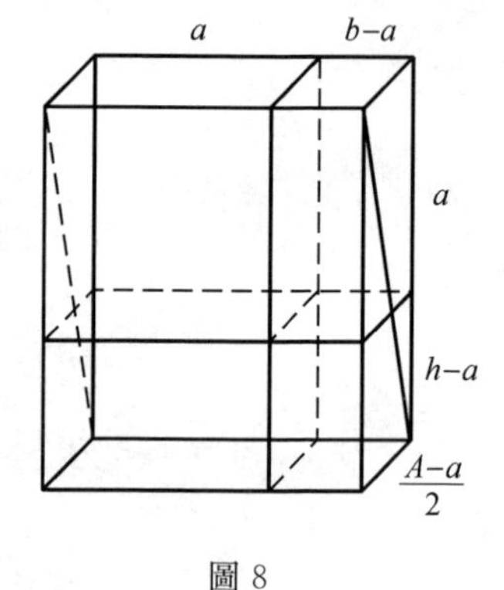

圖 8

四陽馬合之成一陽馬，其積爲廣差乘袤差，又以高乘之，三而一。此都積又可分爲兩積：

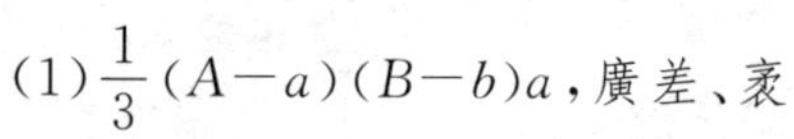
(1)$\frac{1}{3}(A-a)(B-b)a$，廣差、袤差相乘三而一、又乘上廣之從方；

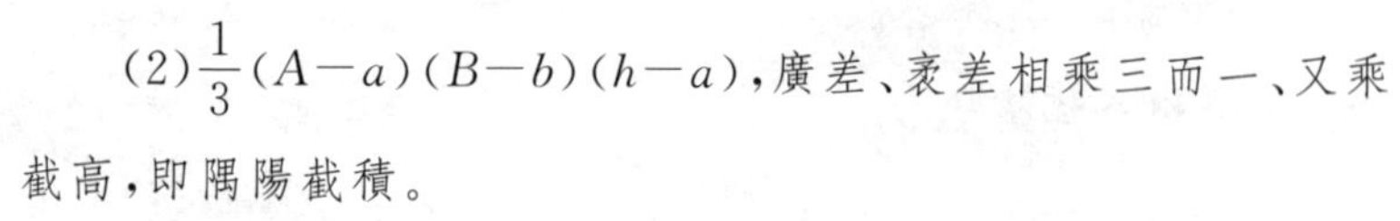
(2)$\frac{1}{3}(A-a)(B-b)(h-a)$，廣差、袤差相乘三而一、又乘截高，即隅陽截積。

如圖 9 所示。

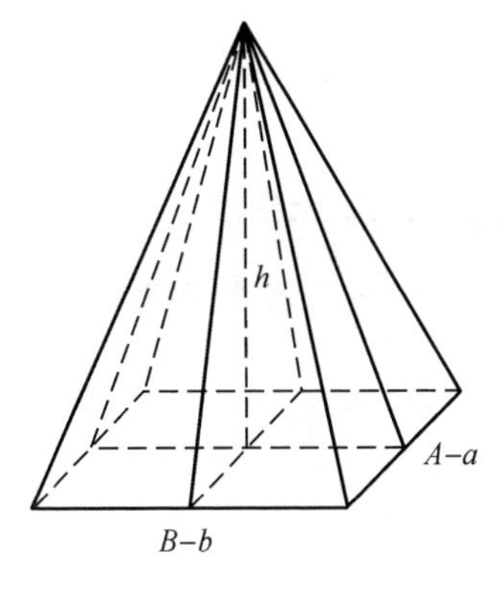

圖 9

合計共得十二積：

a^3	隅
$(h-a)a^2$	截高
$(b-a)a^2$	塹上袤
$\frac{1}{2}(B-b)a^2$	半袤差
$\frac{1}{2}(A-a)a^2$	半廣差
$\frac{1}{2}(B-b)(h-a)a$	半袤差乘截高
$\frac{1}{2}(A-a)(h-a)a$	半廣差乘截高
$(b-a)(h-a)a$	塹上袤乘截高
$\frac{1}{2}(A-a)(b-a)a$	半廣差乘塹上袤之隅頭冪
$\frac{1}{3}(A-a)(B-b)a$	廣差袤差相乘三而一之隅陽冪
$\frac{1}{2}(A-a)(b-a)(h-a)$	隅頭截積

$\frac{1}{3}(A-a)(B-b)(h-a)$ 隅陽截積

整理之,得下表。

名称	所含项	系　数
隅	a^3	1
廉	$(b-a)a^2$	截高
	$(h-a)a^2$	塹上袤
	$\frac{1}{2}(B-b)a^2$	半袤差
	$\frac{1}{2}(A-a)a^2$	半廣差
方	$\frac{1}{2}(B-b)(h-a)a$	半袤差乘截高
	$\frac{1}{2}(A-a)(h-a)a$	半廣差乘截高
	$(b-a)(h-a)a$	塹上袤乘截高
	$\frac{1}{2}(A-a)(b-a)a$	隅頭幂
	$\frac{1}{3}(A-a)(B-b)a$	隅陽幂
實	$V-\frac{1}{2}(A-a)(b-a)(h-a)-\frac{1}{3}(A-a)(B-b)(h-a)$	

遂得求臺上、下廣、袤、高術:以程功尺數乘二縣人,又以限日乘之,爲臺積 V。又以上、下袤差乘上、下廣差,三而一,爲隅陽幂。以乘截高,爲隅陽截積 $\left[\frac{1}{3}(A-a)(B-b)(h-a)\right]$。又半上、下廣差,乘塹上袤,爲隅頭幂。以乘截高,爲隅頭截積 $\left[\frac{1}{2}(A-a)(b-a)(h-a)\right]$。并二積,以減臺積,餘爲實 $\left[V-\frac{1}{2}(A-a)(b-a)(h-a)-\frac{1}{3}(A-a)(B-b)(h-a)\right]$。

以上、下廣差并上、下袤差,半之,爲正數,加塹上袤,以乘截高，所得增隅陽冪，加隅頭冪，爲方法$\left\{\left[\left(\frac{(A-a)+(B-b)}{2}+(b-a)\right)(h-a)+\frac{1}{3}(A-a)(B-b)+\frac{1}{2}(A-a)(b-a)\right]a\right\}$。又并截高及塹上袤與正數，爲廉法$\left\{\left[(h-a)+(b-a)+\frac{(A-a)+(B-b)}{2}\right]a^2\right\}$，從開立方除之，即得上廣。各加差，得臺下廣及上、下袤、高。

$$a^3+\left[(h-a)+(b-a)+\frac{(A-a)+(B-b)}{2}\right]a^2$$
$$+\left\{\left[\frac{(A-a)+(B-b)}{2}+(b-a)\right](h-a)+\frac{1}{3}(A-a)(B-b)\right.$$
$$\left.+\frac{1}{2}(A-a)(b-a)\right\}a$$
$$=V-\frac{1}{2}(A-a)(b-a)(h-a)$$
$$-\frac{1}{3}(A-a)(B-b)(h-a)。$$

就題問已知數字代入，甲縣差 1418 人，乙縣差 3222 人，并之，得 4640 人，以夏程人工常積 75 尺，得 348000 尺。又以限日五日乘之，得 1740000 尺爲臺積。以丈定單位，臺積爲 1740 丈。以上、下廣差，上、下袤差相乘，三而一，得$\frac{2\times 4}{3}=\frac{8}{3}$爲隅陽冪，以乘截高，得$\frac{8}{3}\times 11=29\frac{1}{3}$爲隅陽截積。又半上、下廣差，以乘塹上袤，得$\frac{2}{2}\times 3=3$爲隅頭冪，以乘截高，得$3\times 11=33$爲隅頭截積，并二積，得$29\frac{1}{3}+33=62\frac{1}{3}$，以減臺積，得$1740-62\frac{1}{3}=$

$1677\frac{2}{3}$爲實。并上、下廣差、上、下袤差，半之，得$\frac{2+4}{2}=3$爲正數，加塹上袤，得$3+3=6$，以乘截高，得$6\times11=66$，并隅陽冪$2\frac{2}{3}$、隅頭冪3，得$66+2\frac{2}{3}+3=71\frac{2}{3}$爲方法。又并截高、塹上袤、正數，得$11+3+3=17$爲廉法。1爲隅法，得下式

$$a^3+17a^2+71\frac{2}{3}a=1677\frac{2}{3},$$

即

$$3a^3+51a^2+215a=5033。$$

從開立方除之，即得上廣爲七丈。以$[(3\times7+51)\times7+215]\times7=5033$減實適盡，校之不誤。

原書未言解法，今録許蒓舫氏補從開立方術曰："先仿開立方法求得初商，自乘列於左，再以廉乘初商，二數與方相并爲下法，乃與初商相乘，減實而得餘實。"(圖 10)①

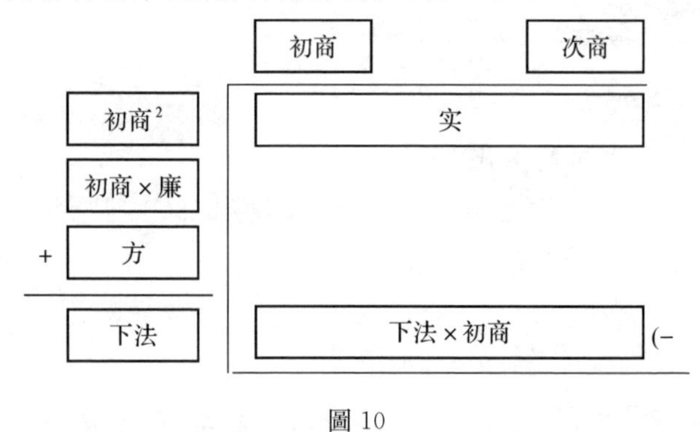

圖 10

① 見《古算法之新研究續編》"緝古術"，中華書局 1945 年印行，下略。

解：$a^3+17a^2+71\frac{2}{3}a=1677\frac{2}{3}$。

$$
\begin{array}{rl|l}
 & & \quad 7 \\
\hline
7^2= & 49 & 1677\frac{2}{3} \\
7\times17= & 119 & \\
 & 71\frac{2}{3}\;(+ & \\
\hline
 & 239\frac{2}{3} & 1677\frac{2}{3}
\end{array}
$$

得上廣爲 7 丈，上袤爲 $7+3=10$ 丈，下廣爲 $7+2=9$ 丈，下袤爲 $7+7=14$ 丈，高爲 $7+11=18$ 丈。

求均給積尺受廣、袤術曰：以程功尺數乘乙縣人，又以限日乘之，爲乙積（V＝程功尺數×乙縣人×限日）。三因之，又以高冪乘之，以上、下廣差乘袤差而一，爲實$\left[\frac{3h^2V_1}{(A-a)(B-b)}\right]$。又以臺高乘上廣，廣差而一，爲上廣之高。又以臺高乘上袤，袤差而一，爲上袤之高。又以上廣之高乘上袤之高，三之爲方法$\left(3\cdot\frac{ah}{A-a}\frac{bh}{B-b}\right)$。又并兩高，三之，二而一，爲廉法$\left[\frac{3}{2}\cdot\left(\frac{ah}{A-a}+\frac{bh}{B-b}\right)\right]$。從開立方除之，即乙高$\left[x^3+\frac{3}{2}\cdot\left(\frac{ah}{A-a}+\frac{bh}{B-b}\right)x^2+3\cdot\frac{ah}{A-a}\frac{bh}{B-b}x=V_1\cdot\frac{3h^2}{(A-a)(B-b)}\right]$。以減本高，餘即甲高（$h-x$＝甲高）。此是從下給臺甲高①。又以廣差乘乙高，如本高而一，所得加上廣，即甲上廣$[A_1=\frac{x}{h}$

① “甲高”二字疑衍。

$(A-a)+a]$。又以衺差乘乙高,如本高而一,所得加上衺,即甲上衺 $B_1=\frac{x}{h}(B-b)+b$。其甲上廣、衺即乙下廣、衺,臺上廣、衺,即乙上廣、衺。其後求廣、衺,有增損者,皆仿此。

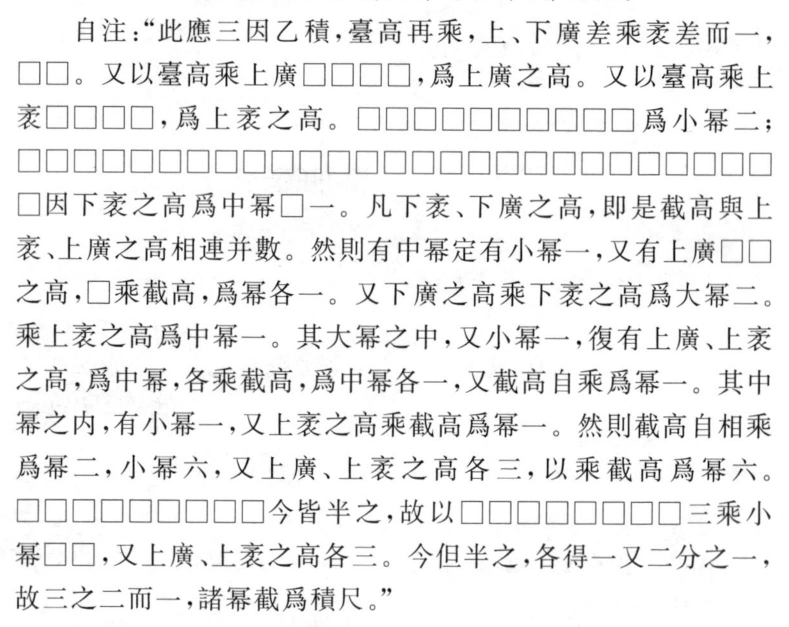
自注:"此應三因乙積,臺高再乘,上、下廣差乘衺差而一,□□。又以臺高乘上廣□□□□,爲上廣之高。又以臺高乘上衺□□□□,爲上衺之高。□□□□□□□□□□爲小冪二;□□□□□□□□□□□□□□□□□□□□□□□□□□□□因下衺之高爲中冪□一。凡下衺、下廣之高,即是截高與上衺、上廣之高相連并數。然則有中冪定有小冪一,又有上廣□□之高,□乘截高,爲冪各一。又下廣之高乘下衺之高爲大冪二。乘上衺之高爲中冪一。其大冪之中,又小冪一,復有上廣、上衺之高,爲中冪,各乘截高,爲中冪各一,又截高自乘爲冪一。其中冪之内,有小冪一,又上衺之高乘截高爲冪一。然則截高自相乘爲冪二,小冪六,又上廣、上衺之高各三,以乘截高爲冪六。□□□□□□□□□今皆半之,故以□□□□□□□□三乘小冪□□,又上廣、上衺之高各三。今但半之,各得一又二分之一,故三之二而一,諸冪截爲積尺。"

操南案:注文淆誤,李潢《考注》曾爲校正,今録於次。

其小大中三冪,即小高、大高、中高三冪也。此應六因乙積,臺高再乘,上、下廣差乘衺差而一,爲實。又以臺高乘上廣,廣差而一,爲上廣之高。又以臺高乘上衺,衺差而一,爲上衺之高。以上廣之高乘上衺之高,爲小冪二。又下廣之高乘下衺之高,爲大冪二。又上廣之高乘下衺之高,上衺之高乘下廣之高,爲中冪各一。凡下衺、下廣之高,即是截高與上衺、上廣之高相連并數。其大冪之内,有小冪各一,復有上廣、上衺之高,各乘截高爲冪各一。又截高自乘爲冪二。有中冪定有小冪,其中冪之内有小冪各一。又上廣之高乘截高爲冪一,又上袤之高乘截高爲冪一。然則截高自相乘爲冪二,小冪六。又上廣、上袤之高各三,以乘截高爲冪六。諸冪皆乘截高爲積尺。今皆半之,得截高再自乘爲立方,又三乘小冪爲方,又上廣、上袤之高各三。今但半之,各得一又二分之一,故三之二而一爲廉。

操南案:截長方臺爲二,設截高爲 x,截面之廣爲 A_1,截面之袤爲 B_1。依《九章算術》芻童公式得知長方臺體積爲:

$$V_1=\frac{x}{6}[(2b+B_1)a+(2B_1+b)A_1],$$

$$6V_1=x[\underset{\text{二小冪}}{2ab}+\underset{\text{二大冪}}{2A_1B_1}+\underset{\text{二中冪}}{aB_1+A_1b}]。$$

依《九章算術》芻童術求乙六因積,得二上廣、上袤相乘冪,即二小冪,二下廣、下袤相乘冪,即二大冪,一上廣、下袤相乘冪,一上袤、下廣相乘冪,即二中冪。

復分:$A_1=a+(A_1-a)$,$B_1=b+(B_1-b)$,代入

$$\begin{aligned}2A_1B_1&=2[a+(A_1-a)][b+(B_1-b)]\\&=2[ab+(A_1-a)(B_1-b)+a(B_1-b)+b(A_1-a)],\end{aligned}$$

$$aB_1=a[b+(B_1-b)]=ab+a(B_1-b),$$

$$A_1b=[a+(A_1-a)]b=ab+b(A_1-a)。$$

得式如下:

$$6V_1=x[\underset{\text{二差冪}}{2(A_1-a)(B_1-b)}+\underset{\text{六小冪}}{6ab}+\underset{\text{三上廣×袤差}}{3a(B_1-b)}+\underset{\text{三上袤×廣差}}{3b(A_1-a)}]。$$

約之爲:

$$3V_1=x\left[(A_1-a)(B_1-b)+3ab+\frac{3}{2}a(B_1-b)+\frac{3}{2}b(A_1-a)\right]。$$

又試將長方臺截解(圖 11—12),依相似三角形底與高成比

例之定理,得

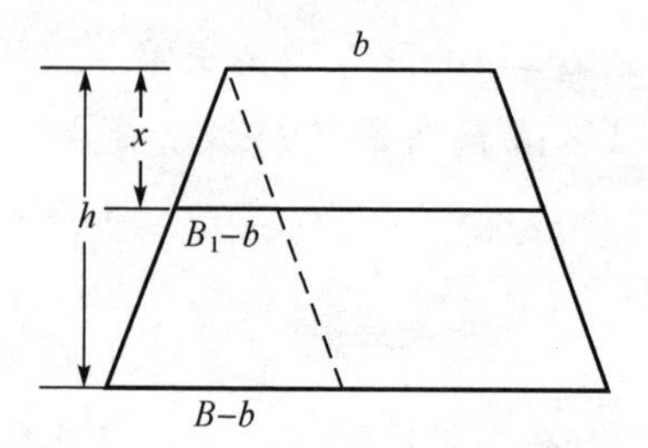

圖 11

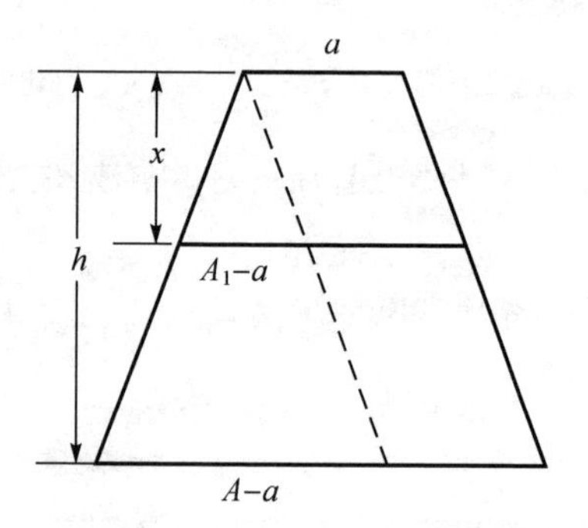

圖 12

$$\frac{A_1-a}{A-a}=\frac{x}{h},\frac{B_1-b}{B-b}=\frac{x}{h},$$

$$A_1=\frac{x}{h}(A-a)+a,$$

$$B_1=\frac{x}{h}(B-b)+b,$$

代入上式得

$$3V_1=x\left\{\left[\frac{x}{h}(A-a)+a-a\right]\left[\frac{x}{h}(B-b)+b-b\right]+3ab\right.$$

$$\left.+\frac{3}{2}a\left[\frac{x}{h}(B-b)+b-b\right]+\frac{3}{2}b\left[\frac{x}{h}(A-a)+a-a\right]\right\}$$

$$=x\left[\frac{x^2}{h^2}(A-a)(B-b)+3ab+\frac{3}{2}\frac{ax}{h}(B-b)+\frac{3}{2}\frac{bx}{h}(A-a)\right]$$

$$=\frac{(A-a)(B-b)}{h^2}x^3+\frac{3}{2}\frac{a(B-b)+b(A-a)}{h}x^2+3abx,$$

於是得

$$x^3+\frac{3}{2}\frac{a(B-b)+b(A-a)}{h}\frac{h^2}{(A-a)(B-b)}x^2+$$

$$\frac{3abh^2}{(A-a)(B-b)}x=\frac{3h^2V_1}{(A-a)(B-b)},$$

或即

$$x^3+\frac{3}{2}\left[\frac{ah}{A-a}+\frac{bh}{B-b}\right]x^2+3\,\frac{ah}{A-a}\cdot\frac{bh}{B-b}x$$

$$=\frac{3h^2V_1}{(A-a)(B-b)}。$$

代入數字得

0.075×5×3222＝1208.25 爲乙縣人所造臺積，立方丈以 $V_1=1205.25$，$h=18$，$a=10$，$A-a=4$，$b=7$，$B-b=2$ 代入得 $\frac{3\times18^2\times1208.25}{4\times2}=146802.375$ 爲實，$3\times\frac{18\times10}{4}\times\frac{18\times7}{2}=8505$ 爲方法，$\frac{3}{2}\left(\frac{18\times10}{4}+\frac{18\times7}{2}\right)=162$ 爲廉法。

$$x^3+162x^2+8505x=146802.375。$$

從開立方術知：先仿開立方法求得初商，自乘列於左，再以廉乘初商，二數共與方相并爲下法，乃與初商相乘，減實而得餘實。次三倍初商之平方，二倍初商與廉之積，二數共與方相并爲廉法，以廉法除餘實而定次商。乃三倍初商，加以廉，再乘以次商，所得者與廉法相并，更加次商之平方，得廉隅共法，與次商相乘，以減餘實，開得商數爲所求之數。（圖 13）

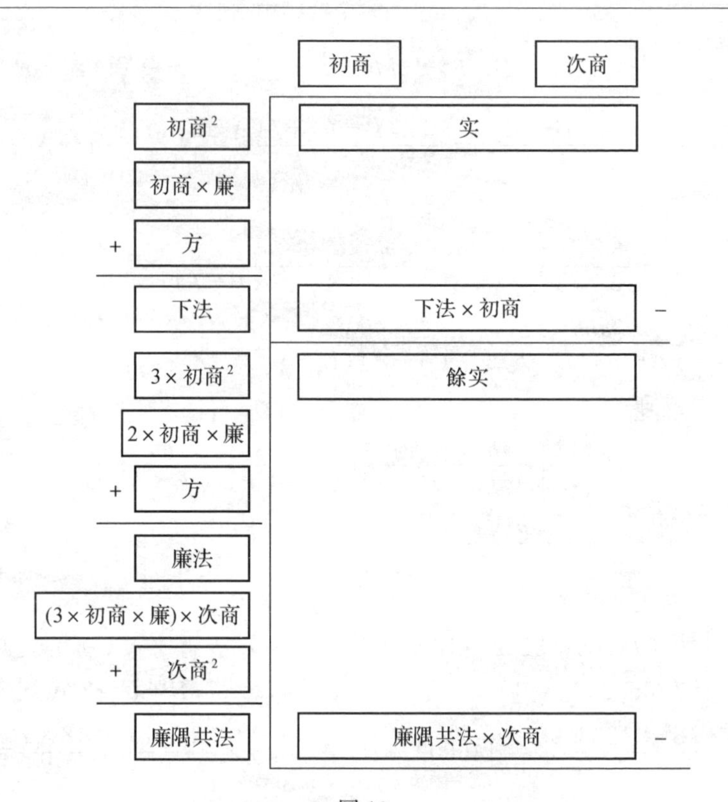

圖 13

解方程式 $x^3+162x^2+8505x=146802.375$。

$$\begin{array}{rr|l l}
 & & \;1\quad 3.\quad 5 & \\
10^2 = & 100 & 146802.375 & \\
10\times 162 = & 1620 & & \\
 & \underline{8505}(+ & & \\
 & 10225 & \underline{102250.000} & \\
3\times 10^2 = & 300 & 44552.375 & \dfrac{44552.375}{12045}=3+ \\
2\times 10\times 162 = & 3240 & & \\
 & \underline{8505}(+ & & \\
 & 12045 & & \\
(3\times 10+162)\times 3 = & 576 & & \\
3^2 = & 9(+ & & \\
 & 12630 & \underline{37890.000} & \\
3\times 13^2 = & 507 & & \\
2\times 13\times 162 = & 4212 & 6662.375 & \dfrac{6662.375}{13224}=0.5+ \\
 & \underline{8505}(+ & & \\
 & 13224 & & \\
(3\times 13+162)\times 0.5 = & 100.5 & & \\
0.5^2 = & \underline{0.25} & & \\
 & 13324.75 & \underline{6662.375} &
\end{array}$$

故乙縣所造高爲 13.5 丈，甲縣所造高爲 $18-13.5=4.5$（丈）。又乙縣所造下袤，即甲縣所造上袤，爲 $\dfrac{13.5\times 4}{18}+10=13$（丈），乙縣所造下廣，即甲縣所造上廣，爲 $\dfrac{13.5\times 2}{18}+7=8.5$（丈）。

求羡道廣、袤、高術曰：以均賦常積乘二縣五十六鄉，又六因爲積（$6V=6\times$ 二縣 56 鄉均賦常積）。又以道上廣多下廣數，加上廣少袤，爲下廣少袤；又以高多袤，加下廣少袤，爲下廣少高；

以乘下廣少袤爲隅陽[1]幂。又以下廣少上廣乘之,爲鱉隅積[2]。以減積,餘三而一,爲實$\left\{\frac{1}{3}[6V-(h-A)(B-A)(a-A)]\right\}$。并下廣少袤與下廣少高,以下廣少上廣乘之,爲鱉縱横廉幂,三而一,加隅幂爲方法$\left(\left\{\frac{1}{3}[(h-A)+(B-A)](a-A)+(h-A)(B-A)\right\}A\right)$。又以三除上廣多下廣,以下廣少袤、下廣少高加之,爲廉法$\left(\left\{\frac{1}{3}(a-A)+[(h-A)+(B-A)]\right\}A^2\right)$,從開立方除之,即下廣。加廣差,即上廣$[A+(a-A)=a]$。加袤多上廣於上廣[3],即袤$[a+(B-a)=B]$。加高多袤,即道高$[B+(h-B)=h]$。

操南案:《九章算術》稱羡道爲芻甍,乃一五面體。其一端有高者,有上廣(a)與下廣(A),一端無高者,稱末廣(A)。其底面之邊稱袤(B),高稱高(h),通過底面之二長邊,各作一平面,與底面垂直,割芻甍爲三,中長方體之斜截等分體,稱塹堵,旁兩側各爲一小三角錐稱爲鱉臑,二鱉臑可合爲一大鱉臑。

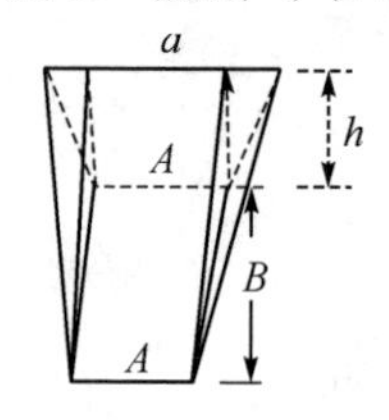

① 李校:"陽字衍文。"
② 李校:"原脱積字。"
③ 李校:"於上廣三字衍文。"

塹堵之體積爲$\frac{1}{2}BAh$，鱉臑之體積爲$\frac{1}{6}B(a-A)h$，故得芻甍之體積爲：

$$V=\frac{1}{6}hB(a-A)+\frac{1}{2}hBA$$

$$=\frac{1}{6}hB[(a-A)+3A]。$$

又如底面亦爲梯形者，《九章算術》稱之爲羨除。此梯形之兩廣，一爲a，一爲A'，一爲A，則體積$V=\frac{1}{6}hB(a+A'+A)$，並可仿上法截爲三體。兩側二體合成一梯形錐，中間一體亦爲角錐。

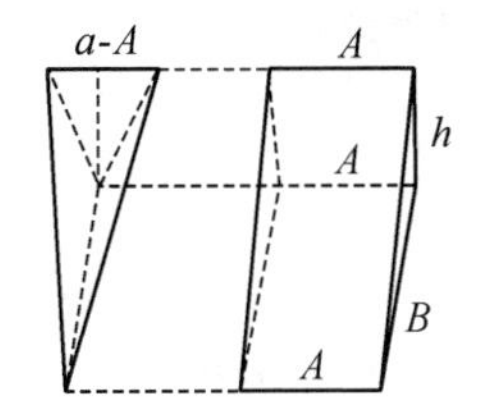

題示已知

$a-A$	上廣多下廣
$B-a$	上廣少袤
$h-B$	高多袤

三數，而

$$(a-A)+(B-a)=B-A,$$

即上廣多下廣加上廣少袤，爲下廣少袤；

$$(h-B)+(B-A)=h-A,$$

即高多袤加下廣少袤，爲下廣少高。

復分三數爲：

$$a=A+(a-A),$$

$$h=A+(h-A),$$

$$B=A+(B-A),$$

代入《九章算術》芻甍公式得：

$$hB=[A+(h-A)][A+(B-A)],$$

$$=A^2+(h-A)A+(B-A)A+(h-A)(B-A),$$

$$AhB=A^3+[(h-A)+(B-A)]A^2+(h-A)(B-A)A,$$

$$3AhB=3A^3+3[(h-A)+(B-A)]A^2+3(h-A)(B-A)A, \quad (1)$$

$$hB(a-A)=\{A^2+[(h-A)+(B-A)]A+(h-A)(B-A)\}(a-A)$$

$$=(a-A)A^2+[(h-A)+(B-A)](a-A)A+(h-A)(B-A)(a-A)。\quad (2)$$

(1)+(2)得：

$$6V=3AhB+hB(a-A)$$

$$=3A^3+3[(h-A)+(B-A)]A^2+(a-A)A^2+3(h-A)(B-A)A+[(h-A)+(B-A)](a-A)A+(h-A)(B-A)(a-A)。$$

於是得：

$$A^3+\left\{\frac{1}{3}(a-A)+[(h-A)+(B-A)]\right\}A^2+\left\{\frac{1}{3}[(h-A)+(B-A)](a-A)+(h-A)(B-A)\right\}A=2V-\frac{1}{3}(h-A)(B-A)(a-A)。$$

代入數字演算之，得：

6300×56=352800(立方尺)，爲羨道之積；

$2\times352800-\frac{1}{3}\times12\times116\times156=633216$，爲實；

$\frac{1}{3}\times12\times(116+156)+116\times156=19184$，爲方法；

$\frac{1}{3}\times12+116+156=276$，爲廉法。

從開立方除之：

$$
\begin{array}{rr|l}
 & & 2\quad 4 \\
 & & 633216 \\
20^2= & 400 & \\
20\times276= & 5520 & \\
 & \underline{19184}(+ & 502080 \\
 & 25104 & \\
 & & 131136 \\
3\times20^2= & 1200 & \\
2\times20\times276= & 11040 & \\
 & \underline{19184}(+ & \\
 & 31424 & \\
(3\times20+276)\times4= & 1344 & \\
4^2= & 16(+ & \\
 & 32784 & 131136
\end{array}
\qquad \frac{131136}{31424}=4+
$$

故羨道下廣爲 24 尺，上廣爲 $24+12=36$（尺），長爲 $24+116=140$（尺），高爲 $24+156=180$（尺）。

求羨道均給積尺甲縣受廣、袤術曰：以均賦常積乘甲縣一十三鄉，又六因爲積。以袤再乘之，以道上、下廣差乘臺高爲法而一，爲實$\left[\frac{6B^2V}{h(a-A)}\right]$。又三因下廣，以袤乘之，如上、下廣差而一，爲都廉$\left(\frac{3AB}{a-A}\right)$，從開立方除之，即甲袤。以廣差乘甲袤，本袤而一，以下廣加之，即甲上廣。又以臺高乘甲袤，本袤除之，即甲高。

操南案：試以垂直於底面而平行於一梯形面之平面，直截羨道爲二。

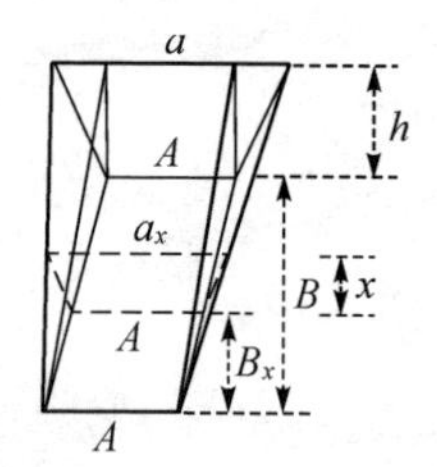

其截面之梯形，上廣爲 ax，下廣爲 A，高爲 hx，截得羨積之底長爲 Bx，由《九章算術》芻甍公式，知此羨道之截積爲：

$$V=\frac{1}{6}h_xB_x(2A+a_x)=\frac{1}{6}h_xB_x[3A+(a_x-A)]$$

按相似三角形對應邊成比例之定理，得：

$$\frac{B}{B_x}=\frac{a-A}{a_x-A}=\frac{h}{h_x},$$

於是得：

$$a_x=\frac{(a-A)B_x}{B}+A, \tag{1}$$

$$h_x=\frac{hB_x}{B}。 \tag{2}$$

以(1)、(2)代入前式，得：

$$V=\frac{1}{6}\frac{hB_x^2}{B}\left[3A+\frac{(a-A)B_x}{B}\right]=\frac{3hAB_x^2}{6B}+\frac{h(a-A)B_x^3}{6B^2},$$

於是有

$$B_x^3+\frac{3hAB_x^2}{6B}\times\frac{6B^2}{h(a-A)}=\frac{6B^2V}{h(a-A)},$$

即

$$B_x^3+\frac{3AB}{a-A}B_x^2=\frac{6B^2V}{h(a-A)}。$$

以數字代入演算之,得:

$6300 \times 13 = 81900$(立方尺),爲甲縣所造羨道積;

$\frac{6 \times 140^2 \times 81900}{180 \times 12} = 4459000$,爲實;

$\frac{3 \times 24 \times 140}{12} = 840$,爲都廉;

$$
\begin{array}{rrl}
 & & \quad 7\ \ 0 \\
70^2 = & 4900 & \overline{)4459000} \\
70+840= & \underline{58800}(+ & \\
 & 63700 & \underline{4459000} \\
\end{array}
$$

。

故甲縣所造羨道底長 70 尺,乙縣所造羨道底長 $140-70=70$(尺)。又得甲縣所造上廣,即乙縣所造南端上廣爲 $\frac{12 \times 70}{140} + 24 = 30$(尺)。又得甲縣所造高,即乙縣所造南端高爲 $\frac{180 \times 70}{140} = 90$(尺)。原書此問答數乖誤,清李潢《緝古算經考注》與張敦仁《緝古算經細草》二書皆辨正之。又此題有廉與方,其解與開帶從立方法無異。

第三問

假令築堤，西頭上、下廣差六丈八尺二寸，東頭上、下廣差六尺二寸，東頭高少於西頭高三丈一尺，上廣多東頭高四尺九寸，正袤多東頭高四百七十六尺九寸。甲縣六千七百二十四人，乙縣一萬六千六百七十七人，丙縣一萬九千四百四十八人，丁縣一萬二千七百八十一人。四縣每人一日穿土九石九斗二升。每人一日築常積一十一尺四寸、十三分寸之六。穿方一尺得土八斗。古人負土二斗四升八合，平道行一百九十二步，一日六十二到。今隔山渡水取土，其平道只有一十一步，山斜高三十步，水寬一十二步。上山三當四，下山六當五，水行一當二，平道踟躕十加一，載輸一十四步。減計一人作功爲均積，四縣共造，一日役畢。今從東頭與甲，其次與乙、丙、丁。問給斜、正袤與高，及下廣，并每人一日自穿、運、築程功，及堤上、下廣、高[①]各幾何。

答曰：

一人一日自穿、運、築程功四尺九寸二分[②]；

西頭高三丈四尺一寸，

上廣八尺，

下廣七丈六尺二寸，

東頭高三尺一寸，

上廣八尺，

下廣一丈四尺二寸，

正袤四十八丈，

① 原文、錢校本均誤爲“上、下高、廣”。——汪注

② 李潢、張敦仁算校“二分”俱云當作“六分”。

斜袤四十八丈一尺；

甲縣正袤一十九丈二尺，

斜袤一十九丈二尺四寸，

下廣三丈九尺，

高一丈五尺五寸；

乙縣正袤一十四丈四尺；

斜袤一十四丈四尺三寸，

下廣五丈七尺六寸，

高二丈四尺八寸；

丙縣正袤九丈六尺，

斜袤九丈六尺二寸，

下廣七丈，

高三丈一尺；

丁縣正袤四丈八尺，

斜袤四丈八尺一寸，

下廣七丈六尺二寸，

高三丈四尺一寸。

求人到程功運築積尺術曰：置上山四十步，下山二十五步，渡水二十四步，平道一十一步，踟蹰之間十加一，載輸一十四步，一返計一百二十四步。以古人負土二斗四升八合，平道行一百九十二步，以乘一日六十二到，爲實。卻以一返步爲法。除得自運土到數也。又以一到負土數乘之，卻以穿方一尺土數除之，得一人一日運功積。又以一人穿土九石九斗二升，以穿方一尺土數除之，爲法。除之，得穿用人數。復置運功積，以每人一日常積除之，得築用人數。并之，得六人。共成二十九尺七寸六分，以六人除之，即一人程功也。

操南案：先求一日每人所造之積，以算術方法輾轉求之：

山斜高 30 步，上山 3 當 4，$30\times\frac{4}{3}=40$；

下山 6 當 5，$30\times\frac{5}{6}=25$；

水寬 12 步，水行 1 當 2，$12\times2=24$；

上山、下山、水行，及平道 11 步，合之

$40+25+24+11=100$；

跏蹰之間 10 加 1，$100+10=110$；

又載入輸 14 步，$110+14=124$，爲 1 返步。

以古人負 248 合，平道行 192 步，以乘 1 日 62 到，爲實。以 1 返步 124 爲法除之，得自運土到數。

$$\frac{248\times192\times62}{124}=23808\cdots\cdots\text{自運土到數。}$$

以穿方一尺，土數 8 斗除之，得 1 人 1 日運功積。

$$\frac{23808}{8}=2976\cdots\cdots 1\text{人}1\text{日運功積。}$$

又以 1 人穿土 9920 合，以穿方 1 尺，土數 8 斗除之，得數以除 1 人 1 日運功積，得穿用人數。

$$\frac{2976}{\frac{9920}{8}}=2.4\cdots\cdots\text{穿用人數。}$$

又以 1 人 1 日運功積，以每人一日築常積 $1144\frac{6}{13}$ 寸除之，得築用人數。

$$\frac{2976}{1144\frac{6}{13}}=\frac{38688}{14878}=2.6\cdots\cdots\text{築用人數。}$$

運用 1 人，穿用 2.4 人，用 2.6 人，合之，得 6 人，以除運功

積得1人程功：$\frac{2976}{6}=496$，故每日每人程功爲4.96立方尺。

求堤上、下廣及高、袤術曰：一人一日程功乘總人爲堤積。以高差乘下廣差，六而一，爲鱉幂$\left[\frac{1}{6}(e-d)(B-A)\right]$。又以高差乘小頭廣差，二而一，爲大臥塹頭幂$\left[\frac{1}{2}(e-d)(A-a)\right]$。又半高差乘上廣多東頭高之數，爲小臥塹頭幂。并三幂爲大小塹鱉率。乘正袤多小高之數，以減堤積，餘爲實$\left\{V-(h-d)\left[\frac{1}{6}(e-d)(B-A)+\frac{1}{2}(e-d)(A-a)+\frac{1}{2}(e-d)(a-d)\right]\right\}$。又置半高差$\left[\frac{1}{2}(e-d)\right]$，及半小頭廣差$\left[\frac{1}{2}(A-a)\right]$與上廣多小頭高之數$(a-d)$，并三差，以乘正袤多小頭高之數$(h-d)$。以加率[①]爲方法$\left\{\left[\frac{1}{2}(e-d)+\frac{1}{2}(A-a)+(a-d)\right](h-d)+\frac{1}{6}(e-d)(B-A)+\frac{1}{2}(a-d)(e-d)+\frac{1}{2}(a-d)(e-d)+\frac{1}{2}(A-a)(e-d)\right\}$。又并正袤多小高并上廣多小高及半高差，而增之兼[②]半小頭廣差加之，爲廉法$\left[(h-d)+(a-d)+\frac{1}{2}(e-d)+\frac{1}{2}(A-a)\right]$，從開立方除之，即小高。加差即各得廣、袤、高。又正袤自乘，高差自乘，并而開方除之，即斜袤。

① 操南案：并前鱉、大臥、小臥三幂也。

② 李校："而增之兼四字衍文。"

操南案：堤爲六面體。其上底面爲長方形，下底面及四側面俱爲梯形，東西兩側面互相平行，並俱與底面垂直。設通過東端下廣一邊作一平面，使與上底面平行，則截堤積爲二，上爲平堤，下爲羨除。平堤《緝古》又稱爲“垣”。設堤東端上廣爲 a，下廣爲 A，高爲 d，堤西端上廣與東端同，亦爲 a，下廣爲 B，高爲 e，平堤西端下廣，以上廣與東端同，兩底面均如東端之梯形面，亦爲 A。堤積公式可由《九章算術》芻甍公式分析而得。

$$V=\frac{1}{2}hd(a+A)+\frac{1}{6}h(e-d)(B-A)+\frac{1}{2}(e-d)hA$$

就題問已知 $A-a, B-a, e-d, a-d, h-d$ 五數，而 $(B-a)-(A-a)=B-A$，推得 $B-A$ 亦爲已知。

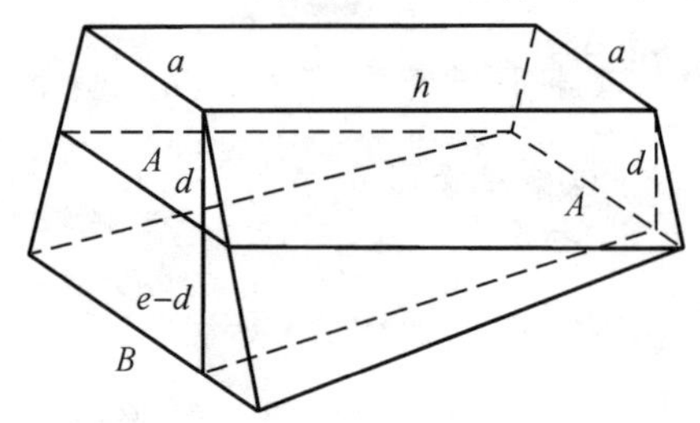

茲先求 $\frac{1}{2}hd(a+A)$ 之積。

$$\frac{a+A}{2}=\frac{A-a}{2}+a=\frac{A-a}{2}+d+(a-d),$$

$$a=d+(a-d),$$

$$h=d+(h-d),$$

$$\frac{1}{2}h(a+A)=[d+(h-d)]\left[\frac{A-a}{2}+d+(a-d)\right]$$

$$=d^2+\frac{1}{2}(A-a)d+(a-d)d+(h-d)d+(a-d)(h-d)$$

$$+\frac{1}{2}(A-a)(h-d),$$

$$\frac{1}{2}hd(a+A)=d^3+\left[\frac{1}{2}(A-a)+(a-d)+(h-d)\right]d^2$$
$$+\left[\frac{1}{2}(A-a)+(a-d)\right](h-d)d。$$

次求$\frac{1}{6}h(e-d)(B-A)$之積。

$$\frac{1}{6}h(e-d)(B-A)=\frac{1}{6}[d+(h-d)](e-d)(B-A)。$$

又次求$\frac{1}{2}(e-d)hA$之積。

$$\frac{1}{2}(e-d)hA=\frac{1}{2}[d+(h-d)][d+(a-d)+(A-a)](e-d)$$
$$=\frac{1}{2}(e-d)[d^2+(A-a)d+(a-d)d+(h-d)d+(a-d)(h-d)+(A-a)(h-d)]。$$

三積并之,得大積。

$$V=d^3+\left[(a-d)+(h-d)+\frac{1}{2}(A-a)\right]d^2+\frac{1}{2}(e-d)d^2$$
$$+\left[(a-d)+\frac{1}{2}(A-a)\right](h-d)d$$
$$+\frac{1}{2}[(a-d)+(A-a)+(h-d)](e-d)d$$
$$+\frac{1}{6}(e-d)(B-A)d+\frac{1}{6}(B-A)(h-d)(e-d)$$
$$+\frac{1}{2}(e-d)[(h-d)(a-d)+(A-a)(h-d)]。$$

此即

$$V=d^3+\left[(h-d)+(a-d)+\frac{1}{2}(e-d)+\frac{1}{2}(A-a)\right]d^2$$

$$+\left[(a-d)(h-d)+\frac{1}{2}(A-a)(h-d)+\frac{1}{2}(e-d)(h-d)\right.$$

$$\left.+\frac{1}{2}(a-d)(e-d)+\frac{1}{2}(A-a)(e-d)+\frac{1}{6}(e-d)(B-A)\right]d$$

$$+(h-d)\left[\frac{1}{6}(e-d)(B-A)+\frac{1}{2}(e-d)(A-a)\right.$$

$$\left.+\frac{1}{2}(e-d)(a-d)\right]。$$

於是得：

$$d^3+\left[(h-d)+(a-d)+\frac{1}{2}(e-d)+\frac{1}{2}(A-a)\right]d^2$$

$$+\left[(a-d)(h-d)+\frac{1}{2}(A-a)(h-d)+\frac{1}{2}(e-d)(h-d)\right.$$

$$\left.+\frac{1}{2}(a-d)(e-d)+\frac{1}{2}(A-a)(e-d)+\frac{1}{6}(e-d)(B-A)\right]d$$

$$=V-(h-d)\left[\frac{1}{6}(e-d)(B-A)+\frac{1}{2}(e-d)(A-a)\right.$$

$$\left.+\frac{1}{2}(e-d)(a-d)\right]。$$

代入數字演算之，得：

$$275924.8-476.9\times\left[\frac{31\times 62}{6}+\frac{31\times 6.2}{2}+\frac{31\times 4.9}{2}\right]$$

$$=275924.8-476.9\times 492\frac{23}{60}=41107\frac{113}{600}\text{爲實，}$$

$$476.9\times 23.5+492\frac{23}{60}=11699\frac{8}{15}\text{爲方法，}$$

$$476.9+4.9+15.5+3.1=500.4\text{ 爲廉法，}$$

從開立方除之：

3. 1

$$3^2 = 9 \qquad 41107\frac{113}{600}$$

$$3\times1500.4 = 1501.2$$

$$11699\frac{8}{15}(+$$

$$13209\frac{11}{15} \qquad 39629\frac{1}{5}$$

$$3\times3^2 = 27 \qquad 1477\frac{593}{600} \qquad \frac{1477\frac{593}{600}}{14728\frac{14}{15}}=0.1+$$

$$2\times3\times500.4 = 3002.4$$

$$11699\frac{8}{15}(+$$

$$14728\frac{14}{15}$$

$$(3\times3+500.4)\times0.1 = 50.94$$

$$0.1^2 = 0.01(+$$

$$14779\frac{53}{60} \qquad 1477\frac{593}{600}$$

故堤東頭高爲3.1尺，東頭上廣，即西頭上廣爲3.1＋4.9＝8(尺)，東頭下廣爲3.1＋11.1＝14.2(尺)，西頭高爲3.1＋31＝34.1(尺)，西頭下廣爲3.1＋73.1＝76.2(尺)，正長爲3.1＋476.9＝480(尺)，斜爲$\sqrt{480^2+31^2}=\sqrt{231361}$＝481(尺)。

求甲縣高、廣、正、斜袤術曰：以程功乘甲縣人，以六因取積($6V_1$)。又乘袤冪(h^2)，以下廣差乘高差以①法除之，爲實$\left[\frac{6h^2V'}{(B-A)(e-d)}\right]$。又并小頭上、下廣($a+A$)，以乘小高($d$)，三因之爲垣頭冪$[3(a+A)d]$。又乘袤冪($h^2$)，如法$[(B-A)(e$

① 李校："以當作爲。"

$-d)]$而一,爲垣方$\left[\frac{3h^2d(a+A)}{(B-A)(e-d)}\right]$又三因小頭下廣$(A)$,以乘正袤$(h)$,以廣差$(B-A)$除之,爲都廉$\left(\frac{3hA}{B-A}\right)$,從開立方除之,得小頭[①],即甲袤$(h_x)$。又以下廣差$(B-A)$乘之,所得[②]以正袤除之,所得加東頭下廣$(A)$,即甲廣$\left[B'=\frac{h_x(B-A)}{h}+A\right]$。又以兩頭高差$(e-d)$乘甲袤$(h_x)$,以正袤$(h)$除之,以加東頭高$(d)$,即甲高$\left[e'=\frac{h_x(e-d)}{h}+d\right]$。又以甲袤自乘$(h_x^2)$,以堤東頭高減甲高,餘自乘$[(e'-d)^2]$,并二位,以開方除之,即得斜袤。求高廣以本袤及高廣差求之[③],若求乙、丙、丁,各以本縣人功積尺,每以前大高、廣爲後小高、廣。凡廉母自乘爲方母,廉母乘方母爲實母。

操南案:設以垂直於底面而與東西兩梯形平行之平面,在堤之東端截下長爲h_x的小堤形,其截面之高爲e',下廣爲B',除高爲$e'-d$,上廣與東西上廣同爲a,則截下之堤體積V',據前爲一平堤、一羡除,而羡除復含一塹堵、二鱉臑。

$$V'=\text{鱉積}+\text{塹積}+\text{平堤積},$$

$$V'=\frac{1}{6}(B'-A)(e'-d)h_x+\frac{1}{2}A(e'-d)h_x$$

$$+\frac{1}{2}(a+A)dh_x。$$

① 李校:"脱袤字。"

② 李校:"所得二字衍文。"

③ 李校:"以上十二字衍文。"

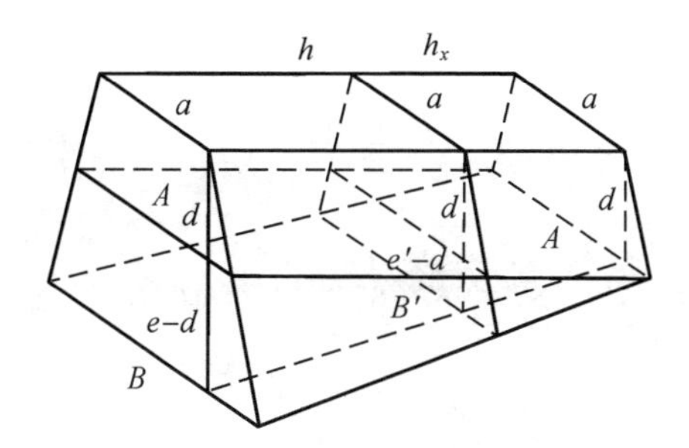

依相似三角形底與高成比例之定理，得：

$$\frac{e-d}{e'-d}=\frac{B-A}{B'-A}=\frac{h}{h_x},$$

$$e'=\frac{h_x}{h}(e-d)+d, \tag{1}$$

$$B'=\frac{h_x}{h}(B-A)+A。 \tag{2}$$

以(1)(2)式代入鱉積、塹積得：

$$\frac{1}{6}(B'-A)(e'-d)h_x=\frac{(B-A)(e-d)}{6h^2}h_x^3,$$

$$\frac{1}{2}A(e'-d)h_x=\frac{A(e-d)}{2h}h_x^2,$$

三截積并之爲甲截積：

$$V'=\frac{(B-A)(e-d)}{6h^2}h_x^3+\frac{A(e-d)}{2h}h_x^2+\frac{(a+A)d}{2}h_x,$$

於是，

$$6h^2V'=(B-A)(e-d)h_x^3+3hA(e-d)h_x^2$$
$$+3h^2d(a+A)h_x,$$

即

$$h_x^3+\frac{3hA}{B-A}h_x^2+\frac{3h^2d(a+A)}{(B-A)(e-d)}h_x=\frac{6h^2V'}{(B-A)(e-d)}。$$

代入數字驗算之，得：

$$\frac{6\times480^2\times4.96\times6724}{(76.2-14.2)(34.1-3.1)}=\frac{46104477696}{1922}$$

$$=23987761\,\frac{17}{31}，爲實；$$

$$\frac{3\times480^2\times(14.2+8)\times3.1}{1922}=\frac{47568384}{1922}$$

$$=24749\,\frac{13}{31}，爲方；$$

$$\frac{3\times14.2\times480}{76.2-14.2}=\frac{20448}{62}=239\,\frac{25}{31}，爲廉，$$

故得方程式爲

$$h_x^3+329\,\frac{25}{31}h_x^2+24749\,\frac{17}{31}h_x=23987761\,\frac{17}{31}$$

從開立方求 h_x，即甲縣所造長。

$$
\begin{array}{rl|l}
 & & 1\quad 9\quad 2 \\
\hline
100^2 = & 10000 & 23987761\frac{17}{31} \\
100\times 329\frac{25}{31} = & 32980\frac{20}{31} & \\
 & 24749\frac{13}{31}\ (+ & \\
\hline
 & 67730\frac{2}{31} & 6773006\frac{14}{31} \\
\hline
3\times 100^2 = & 30000 & 17214755\frac{3}{31} \\
2\times 100\times 329\frac{25}{31} = & 65961\frac{9}{31} & \\
 & 24749\frac{13}{31}\ (+ & \\
\hline
 & 120710\frac{22}{31} & \\
\left(3\times 100+329\frac{25}{31}\right)\times 90 = & 56682\frac{18}{31} & \\
90^2 = & 8100\ (+ & \\
\hline
 & 185493\frac{9}{31} & 16694396\frac{4}{31} \\
\hline
3\times 190^2 = & 108300 & \\
2\times 190\times 329\frac{25}{31} = & 125326\frac{14}{31} & 520358\frac{30}{31} \\
 & 24749\frac{13}{31}\ (+ & \\
\hline
 & 258375\frac{27}{31} & \\
\left(3\times 190+329\frac{25}{31}\right)\times 2 = & 1799\frac{19}{31} & \\
2^2 = & 4\ (+ & \\
\hline
 & 260179\frac{15}{31} & 520358\frac{30}{31} \\
\hline
\end{array}
$$

故所造長爲 192 尺，又得甲縣所造西頭高爲

$$\frac{192\times(34.1-3.1)}{480}+3.1=15.5(\text{尺})。$$

又得甲縣所造西頭下廣爲

$$\frac{192\times(76.2-14.2)}{480}+14.2=39(\text{尺})。$$

其東頭高及下廣與堤東頭同。

次求乙縣所造長。先求甲乙二縣共造長，而後以二縣共造長減去甲縣所造長求得之。甲乙二縣共造之堤積爲：

$$4.96\times(6724+16677)=116068.96(\text{立方尺})。$$

依前法代入得

$$\frac{6\times480^2\times4.96\times(6724+16677)}{(76.2-14.2)\times(34.1-3.1)}=83482690\frac{2}{31}\text{爲實，}$$

其方與廉，悉同前法，最後得

$$h_x^3+329\frac{25}{31}h_x^2+24749\frac{17}{31}h_x=83482690\frac{2}{31}$$

從開立方得甲、乙二縣共造長爲 336 尺，乙縣所造長爲

$$336-192=144(\text{尺})。$$

又得乙縣所造西頭高爲 $\frac{336\times(34.1-3.1)}{480}+3.1=24.8$ (尺)。

又得乙縣所造西頭下廣爲 $\frac{336\times(76.2-14.2)}{480}+14.2=$ 57.6(尺)。

其東頭高及下廣與甲縣所造之西頭同。

又次求丙縣所造長，先甲、乙、丙三縣所造之共長，而後以甲、乙二縣之共長減之，得丙縣所造之長。依前法得

$$\frac{6\times480^2\times4.96\times(6724+16677+19448)}{(76.2-14.2)(34.1-3.1)}=152863116\frac{12}{31}$$

爲實，其方與廉與前悉同。

$$h_x^3+329\frac{25}{31}h_x^2+24749\frac{17}{31}h_x=152863116\frac{12}{31}$$

從開立方得甲、乙、丙三縣共造長 432 尺，丙縣所造長爲 432－336＝96(尺)。

又得丙縣所造西頭高爲 $\frac{432\times(34.1-3.1)}{480}+3.1=31$ (尺)。

又得丙縣所造西頭下廣爲 $\frac{432\times(76.2-14.2)}{480}+14.2=70$ (尺)。

其東頭高及下廣與乙縣所造之西頭同。

丁縣所造長爲 480－432＝48(尺)，其西頭高及下廣與堤西頭同，東頭高及下廣與丙縣所造之西頭同。

求堤積都術曰：置西頭高(e)，倍之，加東頭高(d)，又并西頭上、下廣($a+B$)，半而乘之；又置東頭高(d)，倍之，加西頭高(e)，又并東頭上、下廣($a+A$)，半而乘之。并二位積，以正袤(h)乘之，六而一 $\left\{V=\frac{1}{6}\left[(2e+d)\times\frac{a+B}{2}+(2d+e)\times\frac{a+A}{2}\right]h\right\}$**，得堤積也。**

操南案：此循《九章算術》商功篇芻童術："倍上袤，下袤從之；亦倍下袤，上袤從之，各以其廣乘之，并以高若深乘之，皆六而一。"變通而得之。倍西頭高，加東頭高，倍東頭高加西頭高，即《九章算術》所謂"倍上袤，下袤從之，亦倍下袤，上袤從之"也。東西兩面爲梯形冪，故各以半上、下廣爲其廣。堤之正袤，猶《九章算術》芻童之高若深。今以題問數字代入演算之。

$$\frac{1}{6}\left[(2\times 34.1+3.1)\times\frac{8+76.2}{2}+(2\times 3.1+34.1)\times\frac{8+14.2}{2}\right]\times 480=275924.8$$（立方尺）爲堤積。

第四問

假令築龍尾堤，其堤從頭高、上[1]闊，以次低、狹至尾。上廣多、下廣少。堤頭上、下廣差六尺，下廣少高一丈二尺，少袤四丈八尺。甲縣二千三百七十五人，乙縣二千三百七十八人，丙縣五千二百四十七人。各人程功常積一尺九寸八分。一日役畢。三縣共築，今從堤尾與甲縣，以次與乙、丙。問：龍尾堤從頭至尾高、袤、廣，及各縣别給高、袤、廣各多少？

答曰：

高三丈，

上廣二丈四尺，

下廣一丈八尺，

袤六丈六尺；

甲縣高一丈五尺，

袤三丈三尺，

上廣二丈一尺；

乙縣高二丈一尺，

袤一丈三尺二寸，

上廣二丈二尺二寸；

丙縣高三丈，

袤一丈九尺八寸，

上廣二丈四尺。

求龍尾堤廣、袤、高術曰：以程功乘總人，爲堤積(V)。又六因之，爲虚積($6V$)。以少高($h-A$)乘少袤($B-A$)，爲隅幂。以

① 李校："上字衍文。"

少上廣$(a-A)$乘之,爲鱉隅冪[①]。以減虚積,餘,三約之,所得爲實$\left\{\frac{1}{3}[6V-(h-A)(B-A)(a-A)]\right\}$。并少高、袤$[(h-A)+(B-A)]$[②],以少上廣$(a-A)$乘之,爲鱉從横廉冪$\{[(h-A)+(B-A)](a-A)\}$。三而一,加隅冪$[(h-A)(B-A)]$,爲方法$\left\{\frac{1}{3}[(h-A)+(B-A)](a-A)+(h-A)(B-A)\right\}$。又三除少上廣$\left(\frac{a-A}{3}\right)$,以少袤、少高加之$[(h-A)+(B-A)]$,爲廉法。

$$A^3+\left\{\frac{1}{3}(a-A)+(B-A)+(h-A)\right\}A^2$$
$$+\left\{\frac{1}{3}[(h-A)+(B-A)](a-A)+(h-A)(B-A)\right\}A$$
$$=\frac{1}{3}[6V-(h-A)(B-A)(a-A)]。$$

從開立方除之,得下廣(A)。加差,即高(h)、廣(a)、袤(B)。

操南案:龍尾堤求下廣術與仰觀臺求羨道下廣術同,其造術之原,此不具論。惟演算草於次。

$6\times(2375+2378+5247)\times1.98=118800$ 立方尺,爲虚積;

$(118800-12\times48\times6)\div3=38448$ 立方尺,爲實;

$(12+48)\times\frac{6}{3}+12\times48=696$,爲方法;

$\frac{6}{3}+12+48=62$,爲廉法。

故得方程式

① 李校:"冪當作積。"

② 操南案:并少高、少袤也。

$A^3+62A^2+696A^2=118800$。

從開立方得 18 尺爲下廣，已知 $a-A=6$，故得上廣 $a=6+A=6+18=24$（尺）。高 $h-A=12$，故 $h=12+A=12+18=30$（尺）。袤 $B-A=48$。故 $B=48+A=48+18=66$（尺）。

求逐縣均給積尺受廣、袤術曰：以程功乘當縣人爲積尺。各六因積尺（$6V$）。又乘袤冪（B^2）。廣差乘高爲法除之，爲實 $\left[\frac{6B^2V}{h(a-A)}\right]$。又三因末廣，以袤乘之，廣差而一，爲都廉 $\left(\frac{3AB}{a-A}\right)$，從開立方除之，即甲袤（$B_x$）。以本高（$h$）乘之，以本袤（$B$）除之，即甲高 $\left(h_x=\frac{hB_x}{B}\right)$。又以廣差乘甲袤，以本袤除之，所得加末廣，即甲上廣 $\left[a_x=\frac{(a-A)B_x}{B}+A\right]$。其甲上廣即乙末廣，其甲高即垣高。求都廉如前。又并甲上、下廣，三之，乘甲高，又乘袤冪，以法除之，得垣方 $\left[\frac{3B^2(a_x+A)h_x}{h(a-A)}\right]$，從開立方除之，即乙袤。餘仿此。

自注：此龍尾猶羨除也。其塹堵一、鱉臑一，并而相連。今以袤再乘積①，廣差乘高而一，所得截鱉臑。袤再自乘爲立方一。又以一鱉臑截袤再自乘爲立方一②，又塹堵自乘爲冪三③。又三因末廣，以袤乘之，廣差而一 $\left(\frac{3AB}{a-A}B_x^2\right)$，與冪爲高，故爲

① 李校："此積即六因積。"

② 李校："又以至立方一十四字，皆衍文。"

③ 操南案：塹堵當即截塹堵也。

廉法。

操南案：求甲縣受廣袤術，龍尾堤猶羨除也，與第二問仰觀臺之羨道截積術悉同。其造術之原，故不重述，惟依術演算之。

$$\frac{6\times66^2\times(1.98\times2375)}{30\times(24-18)}=\frac{122904540}{180}=682803\text{，爲實；}$$

$$\frac{3\times18\times66}{6}=594\text{，爲都廉，}$$

得方程式

$$B_x^3+594B_x^2=682803\text{。}$$

從開立方除之得 33 尺爲甲袤。以本高 30 尺乘之，得 990 尺，本袤 66 尺除之，得 15 尺爲甲高；又以廣差 6 尺乘之，本袤 66 尺除之，加末廣 18 尺，得$\frac{33\times6}{66}+18=21$(尺)，爲甲上廣也。

求乙縣受廣袤術，稍複於前，甲縣之程功截積，即龍尾堤之末尾，亦即一小龍尾堤也。乙縣之程功截積，則爲龍尾堤去尾之中部，所餘爲一垣、一羨除。其求羨除之法，即求都廉與實，與前同外，更求垣方，始得其積。其求垣方，甲上廣即乙末廣，其甲高即垣高。并甲上、下廣，三之，乘甲高，以乘袤冪，以法除之，得垣方$\left[\frac{3B^2(a_x+A)h_x}{h(a-A)}\right]$。從開立方除之，即乙袤。

求丙縣受廣袤術，其意與求乙縣術同。龍尾堤去甲乙二縣程功截積，所餘亦爲一垣一羨除，而此垣爲乙垣之餘垣與丙垣合。三積關係如次：

Ⅰ. 甲縣程功截積＝羨除 1；

Ⅱ. 乙縣程功截積＝垣 1＋羨除 2；

Ⅲ. 丙縣程功截積＝垣 2＋垣 3＋羨除 3。

圖 1 爲龍尾堤截剖圖，圖 2 爲乙垣圖，圖 3 爲乙羨除圖，圖 4

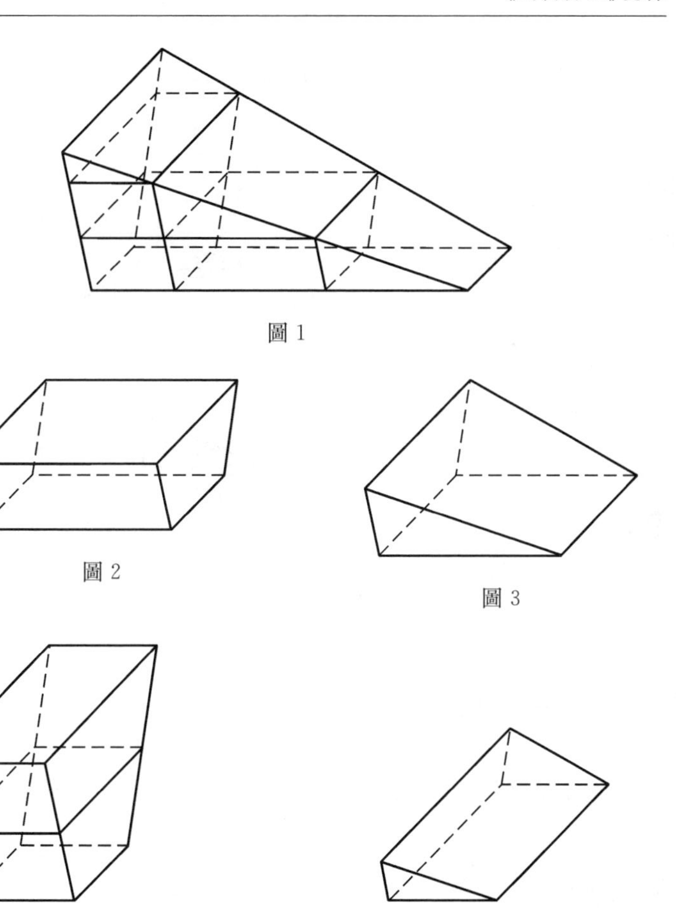

圖 1

圖 2

圖 3

圖 4

圖 5

爲丙垣(即垣 2+垣 3)圖,圖 5 爲丙羨除圖。

立術既明,兹演算草於次。

求乙縣受廣、袤及高。

$$\frac{6\times 66^2\times(1.98\times 2378)}{30\times(24-18)}=\frac{123059787.840}{180}=683665.488,$$

爲實;

$$\frac{3\times(21+18)\times15\times66^2}{30\times(24-18)}=\frac{7644780}{180}=42471$$（尺），爲垣方，亦即方法；

$$\frac{3\times21\times66}{6}=\frac{4158}{6}=693$$（尺），爲都廉。

從開立方得乙袤 13.2 尺。高爲$\frac{13.2\times30}{66}+15=21$（尺）（即羨除高＋垣高），乙上廣$\frac{6\times13.2}{66}+21=22.2$（尺）。

求丙縣受廣、袤及高。

$$\frac{6\times66^2\times(1.98\times5247)}{30\times(24-18)}=\frac{271528472.16}{180}=1508491.512,$$

爲實；

$$\frac{3\times(22.2+18)\times21\times66^2}{30\times(24-18)}=\frac{11032005.6}{180}=61288.92,$$

爲垣方；

$$\frac{3\times22.2\times66}{6}=\frac{4395.6}{6}=732.6,$$

爲都廉。

從開立方得丙袤 19.8 尺，高爲$\frac{19.8\times30}{66}+21=30$（尺），丙上廣$\frac{6\times19.8}{66}+22.2=24$（尺）。

第五問

假令穿河，袤一里二百七十六步，下廣六步一尺二寸；北頭深一丈八尺六寸，上廣十二步二尺四寸；南頭深二百四十一尺八寸；上廣八十六步四尺八寸。運土於河西岸造漘，北頭高二百二十三尺二寸，南頭無高，下廣四百六尺七寸五釐，袤與河同。甲郡二萬二千三百二十人，乙郡六萬八千七十六人，丙郡五萬九千九百八十五人，丁郡三萬七千九百四十四人。自穿、負、築，各人程功常積三尺七寸二分。限九十六日役，河、漘俱了。四郡分共造漘，其河自北頭先給甲郡，以次與乙，合均賦積尺。問：逐郡各給斜、正袤，上廣及深、并漘上廣各多少？

答曰：

漘上廣五丈八尺二寸一分；

甲郡正袤一百四十四丈，

斜袤一百四十四丈三尺，

上廣二十六丈四寸，

深一十一丈一尺六寸；

乙郡正袤一百一十五丈二尺，

斜袤一百一十五丈四尺四寸，

上廣四十丈九尺二寸，

深一十八丈六尺；

丙郡正袤五十七丈六尺，

斜袤五十七丈七尺二寸，

上廣四十八丈三尺六寸，

深二十二丈三尺二寸，

丁郡正袤二十八丈八尺，

斜袤二十八丈八尺六寸，

上廣五十二丈八寸，

深二十四丈一尺八寸。

術曰[①]：如築堤術入之，覆堤爲河，彼注甚明，高深稍殊，程功是同，意可知也。以程功乘甲郡人，又以限日乘之，四之，三而一，爲積。又六因，以乘袤冪。以上廣差乘深差爲法除之，爲實。又并小頭上、下廣，以乘小頭深，三之，爲垣頭冪。又乘袤冪，以法除之，爲垣方。三因小頭上廣，以乘正袤，以廣差除之，爲都廉，從開立方除之，即得小頭[②]，爲甲袤。求深、廣，以本袤及深廣差求之[③]。以兩頭上廣差乘甲袤，以本袤除之，所得加小頭上廣，即甲上廣。以小頭深減南頭深，餘以乘甲袤，以本袤除之，所得加小頭深，即甲深。又正袤自乘，深差自乘，并而開方除之，即斜袤。若求乙、丙、丁，每以前大深、廣爲後小深、廣，準甲求之，即得。

操南案：此題各數兼言里步，宜以里法、步法通之，方可入算。《孫子算經》《夏侯陽算經》皆以三百步爲里法，六尺爲步法，王氏從之，今析算於次。

袤一里二百七十六步	(300＋276)×6＝3456(尺)；
下廣六步一尺二寸	6×6＋1.2＝37.2(尺)；
北上廣十二步二尺四寸	12×6＋2.4＝74.4(尺)；
南上廣八十六步四尺八寸	86×6＋4.8＝520.8(尺)；
北深一八尺六寸	18.6(尺)；

① 操南案：循此書爲術之例，宜有“求逐郡各給斜正袤上廣”十字。

② 李校：“脱袤字。”

③ 操南案：本脱“爲法”二字。

南深二百四十一尺八寸　　241.8(尺)；

河身坡度北南齊一,即北頭上廣及深與南頭上廣及深成比例。北頭上廣及深與南頭深爲已知,則南頭上廣不待題示可以求得。

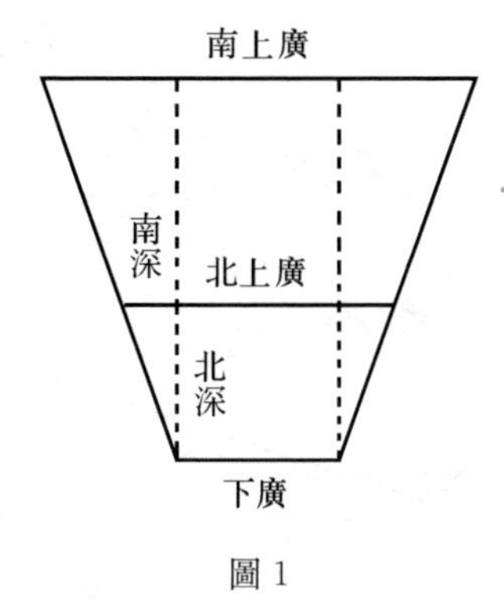

圖 1

因見圖 1

北深∶南深＝(北上廣－下廣)∶(南上廣－下廣),

18.6∶241.8＝37.2∶(南上廣－下廣),

故得:

$$南上廣－下廣=\frac{37.2\times241.8}{18.6}=483.6,$$

於是:

南上廣＝483.6＋37.2＝520.8

求得南上廣爲 520.8 尺,與題示合。

此題穿河均積術與第三題築堤求甲縣高、廣、正、斜袤同,惟倒上廣爲下廣,下廣爲上廣,原題上爲垣,下爲羡除,此題上爲羡除,下爲垣,稍異耳(图 2－4)。故孝通謂"如築堤術入之","覆堤爲河,彼注甚明,高深稍殊,程功是同,意可知也。"

圖 2 爲全河解剖圖,圖 3 爲羡除圖,圖 4 爲垣圖。

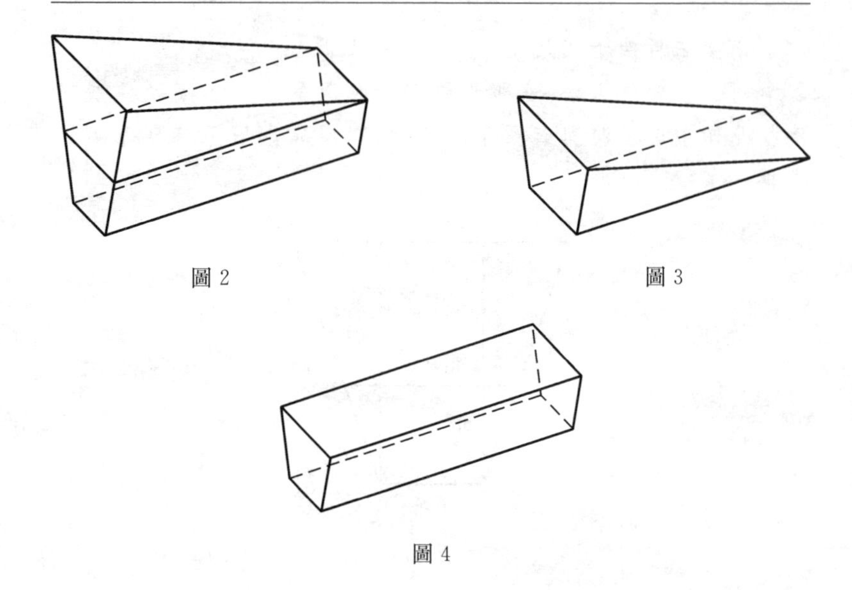

圖 2

圖 3

圖 4

河積爲羨除積加垣積,羨除積爲$\left[\frac{1}{6}(\text{南深}-\text{北深})\text{袤}(\text{倍北上廣}+\text{南上廣})=\text{羨除積}\right]$,垣積爲$\left[(\text{北上廣}+\text{下廣})\frac{1}{2}\times\text{北深}\times\text{袤}=\text{垣積}\right]$,兩積相加爲河積。

$$\begin{aligned}&\frac{1}{6}(241.8-18.6)\times3456(2\times74.4+520.8)\\&=37.2\times3456\times669.6\\&=24009.12\times3456=86085918.72。\end{aligned}$$

$$\begin{aligned}&\frac{74.4+37.2}{2}\times18.6\times3456\\&=55.8\times18.6\times3456\\&=1037.88\times3456=3586913.28。\end{aligned}$$

$$86085918.72+3586913.28=89672832。$$

程功積爲甲郡 22320 人，乙郡 68076 人，丙郡 59985 人，丁郡 37944 人，人數相加，得 188325，以乘常積 3.72 尺得 700569，又如限日 96 乘之，得 67254624，以穿率 4 乘之，得 269018496，築率三而一，得 89672832 立方尺。河積與程功積，足證王氏立術精確。

求逐郡各給斜正袤上廣術：先求甲袤，設袤爲 e，北上廣爲 a，南上廣爲 A，北深爲 h，南深爲 H，下廣爲 B，如築堤術入之，以程功乘甲郡人。又以限日乘之，四之三而一，爲積(v_1)。又六因以乘袤幂(e^2)，以上廣差($A-a$)乘深差($H-h$)爲法$[(A-a)(H-h)]$除之，爲實$\left[\frac{6v_1e^2}{(A-a)(H-h)}\right]$。又并小頭上下廣，($A+B$)以乘小頭深($h$)，三之，爲垣頭幂$[3(a+B)h]$。又乘袤幂($e^2$)，以法除之，爲垣方$\left[\frac{3(a+B)he^2}{(A-a)(H-h)}\right]$。三因小頭上廣($3a$)，以乘正袤($e$)，以廣差除之，爲都廉($\frac{3ae}{A-a}$)，從開立方除之，即得小頭爲甲袤($e_1$)。

$$e_1^3+1728e_1^2+746496e_1=7644119040。$$

此式立術之原説已見堤術，兹代入題問數字演算之。

$$\frac{6\times22320\times3.72\times96\frac{4}{3}\times3456^2}{(520.8-74.4)(241.8-18.6)}=7644119040(\text{尺})，爲實；$$

$$\frac{3\times(74.4+37.2)18.6\times3456^2}{(520.8-74.1)(241.8-18.6)}=746496(\text{尺})，爲垣方；$$

$$\frac{3\times74.4\times3456}{(520.8-74.1)}=1728，爲都廉。$$

$$e_1^3+1728e_1^2+746496e_1=7644119040。$$

從開立方得 $e_1=1440$(尺)。

次求甲深廣，以兩頭上廣差$(A-a)$乘甲袤(e_1)，以本袤(e)除之，所得加小頭上廣(a)，即甲上廣(a_1)。$\left[a_1=\frac{e_1(A-a)}{e}\right]$以小頭深減南頭深$(H-h)$，餘以乘甲袤$(e_1)$，以本袤$(e)$除之，所得加小頭深$(h)$，即甲深$(h_1)$。$\left[h_1=\frac{e_1(H-h)}{e}+h\right]$又正袤$(e^2)$自乘，深差$[(H-h)^2]$自乘，并而開方除之，即斜袤。

代入算數求之

$$a_1=\frac{1440\times 446.4}{3456}+74.4=260.4(\text{尺})，\text{爲甲上廣；}$$

$$h_1=\frac{1440\times(241.8-18.6)}{3456}+18.6=111.6(\text{尺})，\text{爲甲深；}$$

$$\text{甲斜袤}=\sqrt{1440^2+\frac{1440(241.8-18.6)}{3456}}$$

$$=\sqrt{1440^2+93^2}=1443(\text{尺})。$$

求乙、丙、丁，每以前大深廣爲後小深廣，準甲求之，即得。

求滑上廣術曰：以程功乘總人，又以限日乘之，爲積。六因之，爲實。以正袤除之，又以高除之，所得以下廣減之，餘又半之，即滑上廣。

操南案：此滑形如羡除，上廣與末廣同，下廣稍寬，其積術爲：

$$V=\frac{1}{6}\text{滑堤高}\times\text{堤袤}(2\text{堤上廣}+\text{堤下廣})。$$

變换之，則爲：

$$\text{堤上廣}=\left(\frac{6V}{\text{堤袤}\times\text{堤高}}-\text{堤下廣}\right)\frac{1}{2}。$$

代入數字演算之，則爲：

$$\frac{6\times188325\times3.72\times96}{3456\times223.2}-406.705=58.21(\text{尺})$$，爲滑上廣。

第六問

假令四郡輸粟，斛法二尺五寸。一人作功爲均。自上給甲，以次與乙、丙、丁。其甲郡輸粟三萬八千七百四十五石六斗，乙郡輸粟三萬四千九百五石六斗，丙郡輸粟二萬六千二百七十石四斗，丁郡輸粟一萬四千七十八石四斗。四郡共穿窖，上袤多於上廣一丈，少於下袤三丈，多於深六丈，少於下廣一丈。各計粟多少，均出丁夫。自穿、負、築，冬程人功常積一十二尺，一日役。問：窖上、下廣、袤、深、郡別出人及窖深、廣各多少？

答曰：

窖上廣八丈，

　上袤九丈，

　下廣一十丈，

　下袤一十二丈，

　深三丈，

甲郡八千七十二人，

　深一十二尺，

　下袤一十丈二尺，

　廣八丈八尺，

乙郡七千二百七十二人，

　深九尺，

　下袤一十一丈一尺，

　廣九丈四尺，

丙郡五千四百七十三人，

　深六尺，

　下袤一十一丈七尺，

廣九丈八尺，

丁郡二千九百三十三人，

深三丈[①]，

下袤一十二丈，

廣一十丈。

求窖深、廣、袤術曰：以斛法乘總粟爲積尺(V)。又廣差乘袤差，三而一，爲隅陽冪$\left[\frac{1}{3}(A-a)(B-b)\right]$。乃置塹上廣，半廣差加之，以乘塹上袤，爲隅頭冪$\left\{\left[(a-h)+\frac{A-a}{2}\right](b-h)\right\}$。又半袤差乘塹上廣，以隅陽冪及隅頭冪加之，爲方法$\left\{\frac{B-b}{2}(a-h)+\frac{(A-a)(B-b)}{3}+\left[(a-h)+\frac{A-a}{2}\right](b-h)\right\}$。又置塹上袤及塹上廣，并之爲大廣$[(a-h)+(b-h)]$。又并廣差及袤差，半之，以加大廣，爲廉法$\left[\frac{(A-a)+(B-b)}{2}+(a-h)+(b-h)\right]$。從開立方除之，即深($h$)。各加差，即合所問。

操南案：窖有上廣(a)、上袤(b)、下廣(A)、下袤(B)、深(h)，猶仰觀臺也。上小下大，自上小處直解至底，亦可分爲九形。中爲立方，邊爲塹堵，隅爲陽馬。四塹堵可視爲二立方，四陽馬可視爲一立方三分之一。其求積與仰觀臺無殊，惟臺所求在上廣。

$$深^3+\left[塹上廣+塹上袤+\frac{廣差+袤差}{2}\right]深^2$$

① 丈，李校："當作尺。"

$$+\left[\text{壍上廣}\times\text{壍上袤}+\text{半廣差}\times\text{壍上袤}+\text{半袤差}\times\text{壍上廣}+\frac{\text{廣差}\times\text{袤差}}{3}\right]\text{深}=\text{積}。$$

内壍上袤十壍上廣稱大廣,壍上廣十半廣差以乘壍上袤稱隅頭冪,廣差×袤差,三而一,稱隅冪。因得隅陽冪十隅頭冪十半袤差乘壍上廣爲方法,大廣十廣差及袤差,半之爲廉法,一爲隅法。即

$$h^3+\left[\frac{(A-a)+(B-a)}{2}+(a-h)+(b-h)\right]h^2$$
$$+\left\{\frac{B-b}{2}(a-h)+\frac{(A-a)(B-b)}{3}+\left[(a-h)+\frac{A-a}{2}\right](b-h)\right\}h$$
$$=V。$$

并四郡輸粟 38745.6 + 34905.6 + 26270.4 + 14078.4 = 114000(石),以斛法 2.5 尺乘之,得 285000 尺爲積尺。其上袤多於上廣 10 尺,少於下廣 10 尺,并之得 20 尺爲廣差。其上袤少於下袤 30 尺,即袤差,以廣差 20 尺,乘袤差 30 尺,得 600 尺,三而一,得 200 尺爲隅陽冪。上袤多於深 60 尺,即壍上袤,又以上袤少於下廣 10 尺,減多於深 60 尺,餘 50 尺,即壍上廣,以壍上廣 50 尺,并半廣差 10 尺得 60 尺,以乘壍上袤 60 尺,得 3600 尺爲隅頭冪,又半袤差 15 尺,乘壍上廣 50 尺,得 750 尺,以并隅陽冪、隅頭冪,得 4550 尺爲方法。

又并壍上袤 60 尺、壍上廣 50 尺,得 110 尺爲大廣,又并廣差 20 尺、袤差 30 尺,得 50 尺半之,得 25 尺,以加大廣,得 135 尺爲廉法。一爲隅法,開立方得 30 尺爲窖深。各加差得上袤 30+60=90(尺),上廣 90-10=80(尺),下廣 90+10=100(尺),下袤 90+30=120(尺)。

求均給積尺受廣、袤、深術曰：如築隄術入之①。以斛法乘甲郡輸粟爲積尺，又三因，以深冪乘之，以廣差乘袤差而一，爲實。深乘上廣，廣差而一，爲上廣之高，深乘上袤，袤差而一，爲上袤之高。上廣之高，乘上袤之高，三之爲方法。又並兩高，三之，二而一，爲廉法。從開立方除之，即甲深。以袤差乘之，以本深除之，所得加上袤，即甲下袤。以廣差乘之，本深除之，所得加上廣，即甲下廣。若求乙、丙、丁，每以前下廣袤爲後上廣袤，以次皆準此求之，即得。若求人數，各以程功約當郡積尺。

操南案：此問悉同前築臺，故不復言其造術之理，但要録李氏之注於下，依術而衍其數已足矣。

甲郡輸粟 38745.6 石，以斛法 2.5 尺乘之得 96864 尺爲積尺，又三因之，得 290592 尺，以深 30 尺自乘之 900 乘之，得 261532800 尺，以廣差乘袤差之 600 尺，除之，得 435888 尺爲實。又深 30 尺乘上廣 80 尺得 2400 尺，以廣差 20 尺除之，得 120 尺爲上廣高。深 30 尺，除之，得 90 尺爲上袤高。以上廣高乘上袤高得 10800 尺，又三之，得 32400 尺爲方法。并上廣高，上袤高得 210 尺，又三之，得 630 尺，以二除之，得 315 尺爲廉法。一爲隅法，開立方得一十二尺爲甲深。

乙郡輸粟 34905.6 石，以斛法 2.5 尺乘之，得 87264 尺爲積尺，又三因之，得 261792 尺。以本深冪 900 尺乘之，得 235612800 尺，以本差冪 600 尺除之，得 392688 尺爲從立方實。又甲下廣袤即乙上廣袤，以本深 30 尺，乘乙上廣 88 尺，得 2640 尺，以本廣差 20 尺除之，得 132 尺爲乙上廣高。又本深 30 尺乘乙上袤 102 得 3060 尺，以本袤差 30 尺除之，得 102 尺爲乙上袤

① 李校："隄當作臺。"

高。二高相乘得 13464 尺,又三之,得 40392 尺爲方法。并二高得 234 尺,三之,得 702 尺,以二除之,得 351 尺爲廉法。一爲隅法。開立方得九尺,爲乙深。

求丙、丁法倣此。丙以乙下廣袤爲上廣袤,丁以丙下廣袤爲上廣袤,丁下廣袤即本下廣袤,甲上廣袤即本上廣袤也。求甲下廣袤法,是以本深與本廣差本袤各爲一二率,甲深爲三率,得四率,爲甲廣差,袤差以加甲上廣袤即得甲下廣袤也。乙、丙仿此。

第七問

假令亭倉，上小、下大。上、下方差六尺，高多上方九尺，容粟一百八十七石二斗。今已運出五十石四斗。問：倉上、下方、高及餘粟深、上方各多少？

答曰：

上方三尺，

下方九尺，

高一丈二尺，

餘粟深、上方俱六尺。

求倉方高術曰：以斛法乘容粟爲積尺，又方差$(b-a)$自乘，三而一爲隅陽幂$\left[\frac{1}{3}(b-a)^2\right]$。以乘截高$(h-a)$，以減積，餘爲實$\left[V-\frac{1}{3}(b-a)^2(h-a)\right]$。又方差$(b-a)$乘截高$(h-a)$，加隅陽幂爲方法$\left[(b-a)(h-a)+\frac{1}{3}(b-a)^2\right]$。又置方差$(b-a)$，加截高$(h-a)$爲廉法$[(h-a)+(b-a)]$。從開立方除之，即上方$(a)$。加方差，即合所問。

操南案：亭倉上小下大，似仰覩臺而方，《九章算術》稱爲方亭。如圖1，設亭上底面之正方形邊長爲a，下底之正方形邊長爲b，亭高h，通過上底面之邊各作平面，使與兩底面垂直，則割亭倉爲九，其四角四體，四陽馬，可合爲一，成一正方錐體（圖2），體積爲$\frac{1}{3}(b-a)^2h$。四面四體，四塹堵，亦可并而爲二，成二長方柱(圖 3),體積爲 $2\times\frac{1}{2}(b-a)ah$。中間一正方柱(圖 4),體積爲 a^2h。故得亭倉之體積,亦即《九章算術》方亭之公式,爲:

$$\begin{aligned} V &= \frac{h}{3}(b-a)^2+2\times\frac{1}{2}(b-a)ah+a^2h \\ &= h\left[a^2+ab-a^2+\frac{1}{3}(b^2-2ab+a^2)\right] \\ &= h\times\frac{1}{3}\times(3ab+a^2-2ab+b^2) \\ &= \frac{1}{3}h(a^2+ab+b^2)。\end{aligned}$$

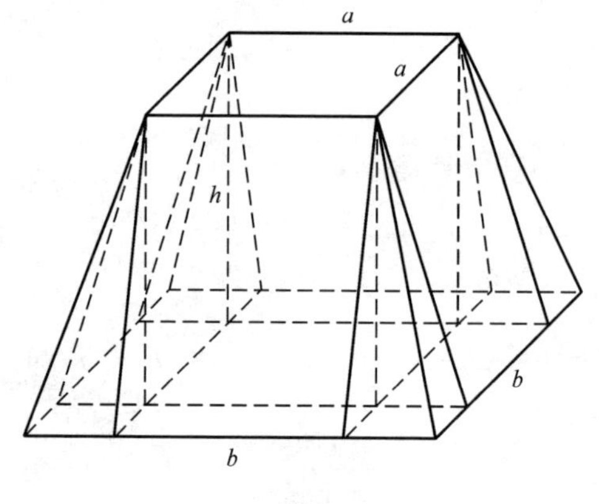

圖 1

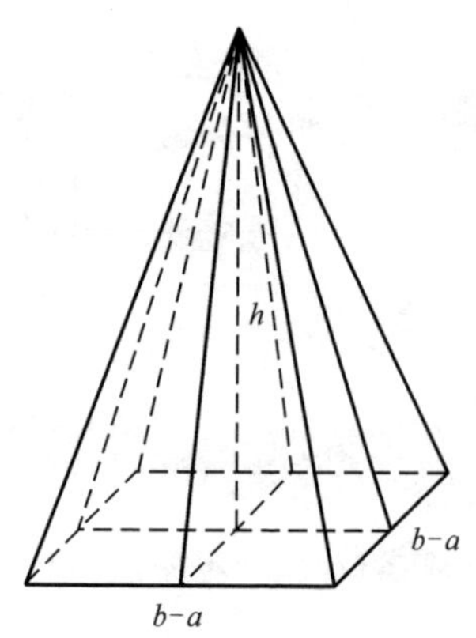

圖 2

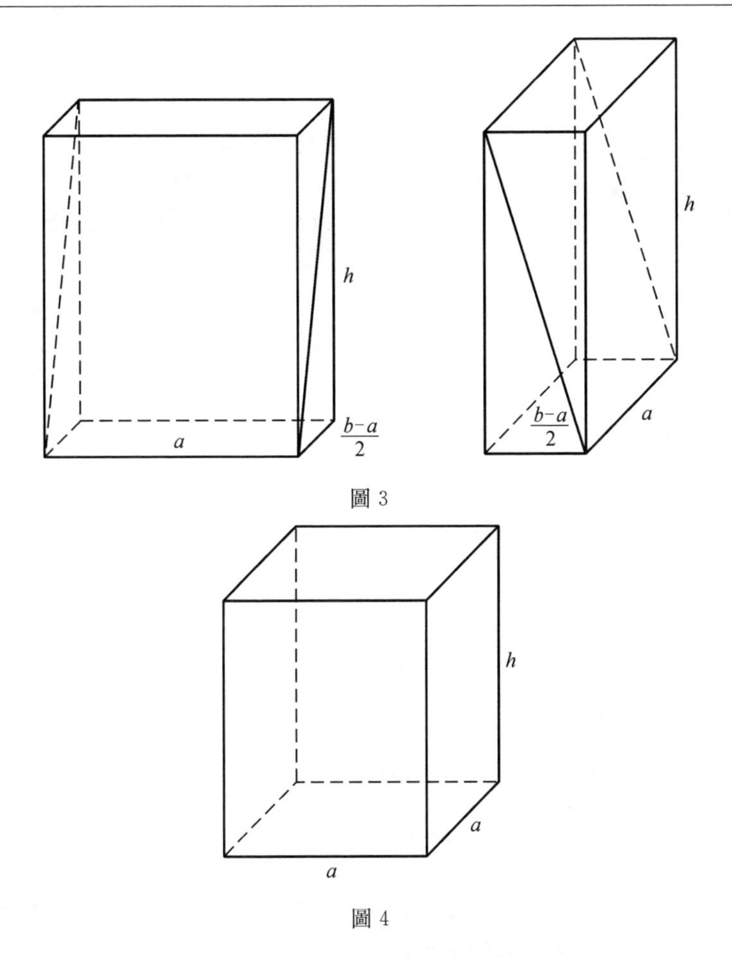

圖 3

圖 4

題示已知：方差 $b-a$，截高 $h-a$，又分高爲上方與截高二數 $h=a+(h-a)$，求上方 a。循次代立方，塹堵，陽馬之積，分别計算而綜合之。

立方積：$a^2h=a^3+a^2(h-a)$。

塹堵積：$(b-a)ah=(b-a)a^2+(b-a)(h-a)a$。

陽馬積：$\frac{1}{3}(b-a)^2ah=\frac{1}{3}(b-a)^2a+\frac{1}{3}(b-a)^2(h-a)$。

内$\frac{1}{3}(b-a)^2$稱爲隅陽冪，三積綜合之爲：

$$a^3+(h-a)a^2+(b-a)a^2+(b-a)(h-a)a+\frac{1}{3}(b-a)^2a+\frac{1}{3}(b-a)^2(h-a)=V。$$

$$a^3+[(b-a)+(h-a)]a^2+\left[(b-a)(h-a)+\frac{1}{3}(b-a)^2\right]a=V-\frac{1}{3}(b-a)^2(h-a)。$$

代入數字計算之：

187.2×2.5＝468（立方尺）爲亭倉之積，

$468-\frac{1}{3}\times6^2\times9=360$ 爲實，

$\frac{1}{3}\times6^2+6\times9=66$ 爲方，

6＋9＝15 爲實。

故所得方程式爲：

$a^3+15a^2+66a=360$。

	3
$3^2=9$	360
3×15=45	
66(+	
120	360

從開立方得亭倉上方每邊爲 3 尺，下方每邊爲 3＋6＝9（尺），高爲 3＋9＝12（尺）。

求餘粟高及上方術曰:以斛法乘出粟,三之,以乘高冪(h^2)。令方差冪$[(b-a)^2]$而一,爲實$\left[\dfrac{3h^2V'}{(b-a)^2}\right]$。【自注:此是大小高各自乘,又相乘各乘取高。是大高者①,即是取高與小高并。】高乘上方,方差而一$\left(\dfrac{ah}{b-a}\right)$爲小高,令自乘,三之$\left[\dfrac{3a^2h^2}{(b-a)^2}\right]$爲方法。三因小高$\left(\dfrac{3ah}{b-a}\right)$爲廉法。從開立方除之,

$$h_x^3+\frac{3ah}{b-a}h_x^2+\frac{3a^2h^2}{(b-a)^2}h_x=\frac{3h^2V'}{(b-a)^2}。$$

得取出高。以減本高,餘即殘粟高。置出粟高,又以方差乘之,以本高除之,所得加上方,即餘粟上方。

操南案:設以平行於兩底面之平面,横截方臺爲二。其截面正方形之邊長爲 b_x,上端截下之方臺,其高爲 h_x(圖 5),則體積爲:

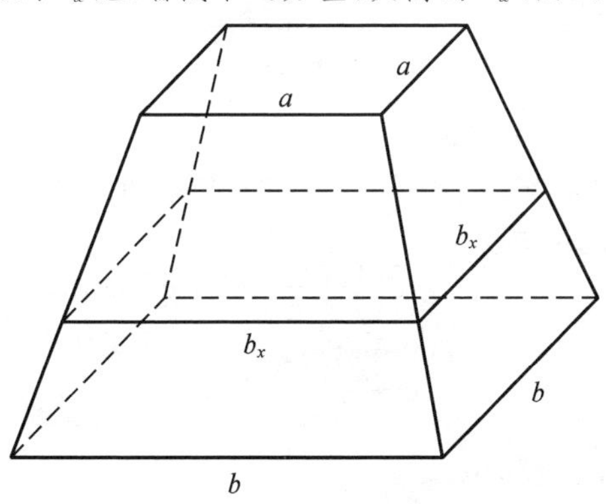

圖 5

① 李校:"是大高者之是,當做凡。"

$$V'=\frac{h_x}{3}(b_x-a)^2+(b_x-a)ah_x+a^2h_x,$$

$$3V'=h_x(b_x-a)^2+3(b_x-a)ah_x+3a^2h_x。$$

依相似三角形底與高成比例之定理(圖 6),得:

$$(b-a):(b_x-a)=h:h_x。$$

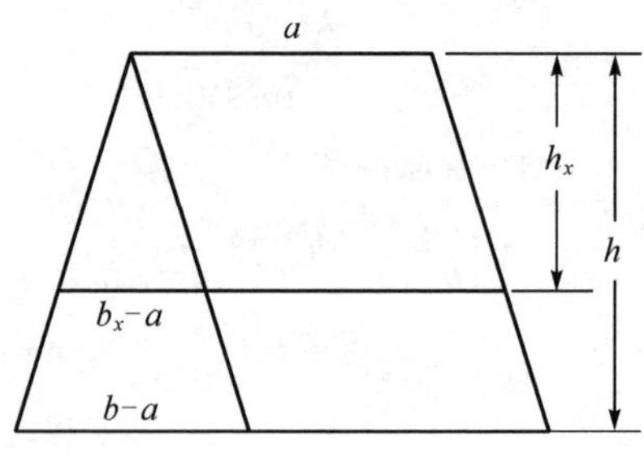

圖 6

於是得:

$$b_x=\frac{h_x(b-a)}{h}+a。$$

代入上式得:

$$h_x(b_x-a)^2=h_x\left[\frac{h_x(b-a)}{h}+a-a\right]^2=\frac{(b-a)^2}{h^2}h_x^3,$$

$$3(b_x-a)ah_x=3\left[\frac{h_x(b-a)}{h}+a-a\right]^2ah_x$$

$$=\frac{3(b-a)}{h}ah_x^2,$$

$$3a^2h_x=3a^2h_x。$$

相加得:

$$3V'=\frac{(b-a)^2}{h^2}h_x^3+\frac{3(b-a)}{h}ah_x^2+3a^2h_x,$$

$$h_x^3+\frac{3ah}{(b-a)}h_x^2+\frac{3a^2h^2}{(b-a)^2}h_x=\frac{3h^2V'}{(b-a)^2}。$$

或自 $V=\frac{1}{3}h(a^2+ab+b^2)$ 簡式求之：

$$V'=\frac{1}{3}h_x(a^2+ab_x+b_x^2)。$$

以 $b_x=\frac{h_x(b-a)}{h}+a$ 代入：

$$V'=\frac{1}{3}h_x\left\{a^2+a\left[\frac{h_x(b-a)}{h}+a\right]+\left[\frac{h_x(b-a)}{h}+a\right]^2\right\}$$

$$=\frac{1}{3}h_x\left\{a^2+\frac{a(b-a)}{h}h_x+a^2+\frac{(b-a)^2}{h^2}h_x^2+\frac{2a(b-a)}{h}h_x+a^2\right\}$$

$$=\frac{1}{3}h_x\left\{3a^2+\frac{3a(b-a)}{h}h_x+a^2+\frac{(b-a)^2}{h^2}h_x^2\right\}$$

$$=a^2h_x+\frac{a(b-a)}{h}h_x^2+\frac{(b-a)^2}{3h^2}h_x^3。$$

於是得：

$$h_x^3+\frac{3ah}{(b-a)}h_x^2+\frac{3a^2h^2}{(b-a)^2}h_x=\frac{3h^2V'}{(b-a)^2}。$$

自注：此本術曰：上、下方相乘，又各自乘，并，以高乘之，三而一。今還元，三之，又高冪乘之，差冪而一，得大、小高相乘。又各自乘之數。何者？若高乘下方，方差而一，得大高也。若高乘上方，方差而一，得小高也。然則斯本下方自乘，故須高[①]乘之，差自乘而一，即得大高自乘之數，小高亦然。□□□□□□□□□□□□□□□□□□□□□□□□□凡大高者，即是取高於[②]與小高并□□□□□□相連。□今大高自乘爲大方，大方之内，即有取高自乘冪一、隅頭小高自乘冪一，又其兩邊各一，

① 李校："脱冪字。"

② 於，李校："當作與。"

以取高乘小高爲幂二。又大、小高相乘爲中方,中方之内,□□□□□□□即有小高乘取高幂一,又小高自乘□□□,即是小方之幂又一。則小高乘大高,又各自乘,三等幂皆以乘取高爲立積,故三因小幂爲方,及三小高爲廉也。

操南案:李潢以爲上文言本差幂本高幂比三因積(即還元數),得大、小高相乘,又各自乘之數,斯本下方自乘云云,止釋大、小高各自乘數,而未言大、小高相乘數,蓋脱文也。又中方之内,即有小高乘取高幂一之下脱小高自乘幂一,此是析中方幂爲二幂,與上析大方爲四幂同理。其下文小高自乘,即是小方之幂又一,乃釋小高各自乘數,不得與大、小高相乘數牽混也。李説極是,今録其校補並注釋於後。

此本術曰:上、下方相乘,又各自乘,并以高乘之,三而一①。今還元,三之,又高幂乘之,差幂而一,得大、小高相乘,又各自乘

① 這是針對運粟後空出的部分,即原方亭被截得的小方亭而言的。——汪注

之數①。

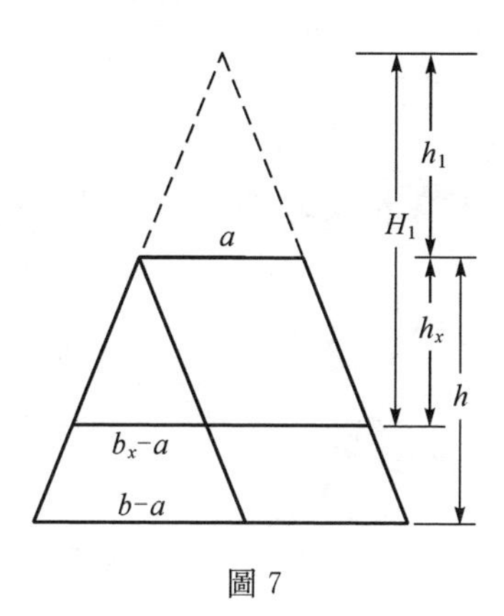

圖 7

因運粟後空出部分的體積V'爲

① 爲便於更清晰地理解劉先生的注釋，編者汪補充了關於大、小高的示意圖，见圖 7。過方亭上底邊作垂直於底的平面得一等腰梯形截面，延長兩腰得一等腰三角形。王孝通將圖中等腰梯形上方小三角形的高 h_1 稱爲小高，小高 h_1 與取高 h_x 之和 H_1 稱爲大高。由相似三角形對應邊比例關係得：

$$\frac{h_1}{h}=\frac{a}{b-a},\frac{H_1}{h}=\frac{b_x}{b-a},$$

因此小、大高分别爲

$$h_1=\frac{ah}{b-a},$$

$$H_1=\frac{b_xh}{b-a}。$$

於是有

$$h_1^2=\left(\frac{ah}{b-a}\right)^2=\frac{a^2h^2}{(b-a)^2},$$

$$H_1^2=\left(\frac{b_xh}{b-a}\right)^2=\frac{b_x^2h^2}{(b-a)^2},$$

$$h_1H_1=\frac{ah}{b-a}\cdot\frac{b_xh}{b-a}=\frac{ab_xh^2}{(b-a)^2}。$$

——汪注

$V'=\frac{1}{3}(a^2+ab_x+b_x^2)h_x$。兩邊同乘以 3 得

$3V'=(a^2+ab_x+b_x^2)h_x$。h^2 爲高幂，$(b-a)^2$ 爲差幂，$\frac{ah}{b-a}\times\frac{b_xh}{b-a}$爲小、大高相乘，$\frac{a^2h^2}{(b-a)^2}$、$\frac{b_x^2h^2}{(b-a)^2}$爲小、大高各自乘數，則：

$$\frac{3h^2V'}{(b-a)^2}=h_x\left[\frac{a^2h^2}{(b-a)^2}+\frac{ah}{b-a}\times\frac{b_xh}{b-a}+\frac{b_x^2h^2}{(b-a)^2}\right]。\tag{1}$$

何者？若高乘下方，方差而一，得大高也$\left(\frac{b_xh}{b-a}\right)$。若高乘上方，方差而一，得小高也$\left(\frac{ah}{b-a}\right)$。然則斯本下方$(b_x)$自乘，故須高幂，差自乘而一，即大高自乘之數$\left[\frac{b_x^2h^2}{(b-a)^2}\right]$。小高亦然$\left[\frac{a^2h^2}{(b-a)^2}\right]$。若上、下方相乘，高幂乘之，差自乘而一，即得大、小高相乘之數也$\left[\frac{ab_xh^2}{(b-a)^2}\right]$。凡大高者，即是取高與小高并相連數。今大高自乘爲大方$\left[\frac{b_x^2h^2}{(b-a)^2}\right]$，大方之内，即有取高自乘幂一$(h_x^2)$，隅頭小高自乘幂一$\left[\frac{a^2h^2}{(b-a)^2}\right]$，又其兩邊各以取高乘小高爲幂二$\left(\frac{2ah}{b-a}h_x\right)$。此即

$$\frac{b_x^2h^2}{(b-a)^2}=h_x^2+\frac{2ah}{b-a}h_x+\frac{a^2h^2}{(b-a)^2}\text{①}。\tag{2}$$

又大、小高相乘爲中方$\left[\frac{ab_xh^2}{(b-a)^2}\right]$,中方之内即有小高乘取高幂一$\left(\frac{ah}{b-a}\times h_x\right)$,又小高自乘,即是小方之幂又一$\left[\frac{a^2h^2}{(b-a)^2}\right]$。此即

$$\frac{b_xh}{b-a}\times\frac{ah}{b-a}=\frac{ah}{b-a}h_x+\frac{a^2h^2}{(b-a)^2}\text{②}。\tag{3}$$

則小高乘大高,又各自乘,三等幂皆以乘取高爲立積,故三因小幂爲方,及三小高爲廉也。将(2)和(3)代入(1)得

$$\frac{3h^2V'}{(b-a)^2}=h_x\left[h_x^2+\frac{3ah}{b-a}h_x+\frac{3a^2h^2}{(b-a)^2}\right],$$

即

$$h_x^3+\frac{3ah}{b-a}h_x^2+\frac{3a^2h^2}{(b-a)^2}h_x=\frac{3h^2V'}{(b-a)^2}。$$

此方截積數。今合而釋之如下:

$$V'=\frac{1}{3}h_x(a^2+ab_x+b_x^2)。$$

以$\frac{3h^2}{(b-a)^2}$乘兩邊得:

---

① 因 $H_1=h_1+h_x$,故大方 $H_1^2=h_1^2+2h_1h_x+h_x^2$,即$\frac{b_x^2h^2}{(b-a)^2}=\frac{a^2h^2}{(b-a)^2}+2\times\frac{ah}{b-a}\times h_x+h_x^2$。——汪注

② 中方 $H_1h_1=(h_x+h_1)h_1=h_xh_1+h_1^2=\frac{ah}{b-a}\times h_x+\frac{a^2h^2}{(b-a)^2}$。——汪注

$$\frac{3h^2V'}{(b-a)^2}=h_x\left[\frac{a^2h^2}{(b-a)^2}+\frac{ah}{b-a}\times\frac{b_xh}{b-a}+\frac{b_x^2h^2}{(b-a)^2}\right]。\tag{4}$$

依相似三角形底與高成比例之定理,得:

$$(b-a):(b_x-a)=h:h_x,$$

$$h_x=\frac{h(b_x-a)}{b-a}。$$

由是得:

$$\begin{aligned}\frac{b_x^2h^2}{(b-a)^2}&=\left(\frac{b_xh}{b-a}\right)^2\\&=\left[\frac{ah}{b-a}+\frac{(b_x-a)h}{b-a}\right]^2\\&=\left(\frac{ah}{b-a}+h_x\right)^2\\&=\frac{h^2a^2}{(b-a)^2}+\frac{2ha}{b-a}h_x+h_x^2,\end{aligned}$$

$$\begin{aligned}\frac{ah}{b-a}\times\frac{b_xh}{b-a}&=\frac{ah}{b-a}\left[\frac{ah}{b-a}+\frac{(b_x-a)h}{b-a}\right]\\&=\frac{ah}{b-a}\left(\frac{ah}{b-a}+h_x\right)\\&=\frac{a^2h^2}{(b-a)^2}+\frac{ah}{b-a}h_x。\end{aligned}$$

循數以數衍之:

$2.5\times50.4=126$ 立方尺爲出粟之積,

$\frac{3\times12^2\times126}{6^2}=1512$ 爲實,

$\frac{3\times12^2\times3}{6^2}=108$ 爲方法,

$\frac{3\times12\times3}{6}=18$ 爲廉法,

得方程式：

$$h_x^3 + 18h_x^2 + 108h_x = 1512。$$

$$\begin{array}{r|l} & \quad 6 \\ \hline 6^2 = 36 & 1512 \\ 6 \times 18 = 108 & \\ 108(+ & \\ \hline 252 & 1512 \\ \hline \end{array}$$

從開立方除之，得出粟之高爲 6 尺，餘粟之高爲 12－6＝6（尺）。又餘粟上方爲$\frac{6\times6}{12}+3=6$（尺）。

第八問

假令芻甍，上袤三丈，下袤九丈，廣六丈，高一十二丈，有甲縣六百三十二人，乙縣二百四十三人，夏程人功常積三十六尺，限八日役自穿築二縣共造，今甲縣先到，問：自下給高、廣、袤各多少？

答曰：

高四丈八尺，

上廣三丈六尺，

袤六丈六尺。

求甲縣均給積尺受廣、袤術曰：以程功乘乙縣人數，又以限日乘之爲積尺，以六因之，又高幂(h^2)乘之，又袤差($b-a$)乘廣(c)而一，所得又半之爲實$\left[\dfrac{6h^2V'}{2c(b-a)}\right]$。高($h$)乘上袤($a$)，袤差($b-a$)而一，爲上袤之高，三因上袤之高，半之爲廉法$\left[\dfrac{3ah}{2(b-a)}\right]$。從開立方除之，得乙高($h_x$)。以減甍高($h-h_x$)，餘即甲高。求廣、袤，依率求之。

操南案：此術與第一題仰觀臺求羨道截積術同理。如圖 1，設 a 爲上袤，b 爲下袤，c 爲廣，h 爲高，求乙高 h_x。依《九章算術》芻甍公式，截全積爲上乙、下甲两形。上乙積爲：

$$V'=\frac{1}{6}h_x c_x(2b_x+a)。\qquad (1)$$

依相似三角形底與高成比例之定理得(圖 2、图 3)：

$$h:h_x=(b-a):(b_x-a),$$

$$h:h_x=c:c_x,$$

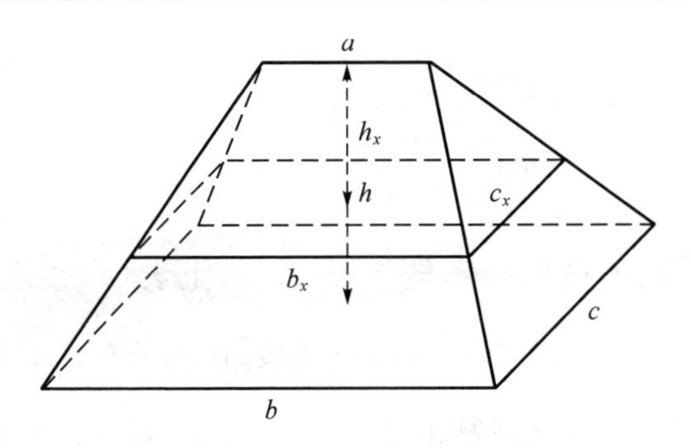

圖 1

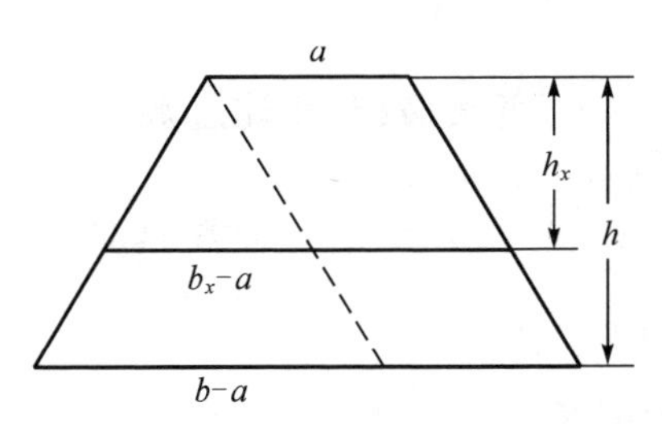

圖 2

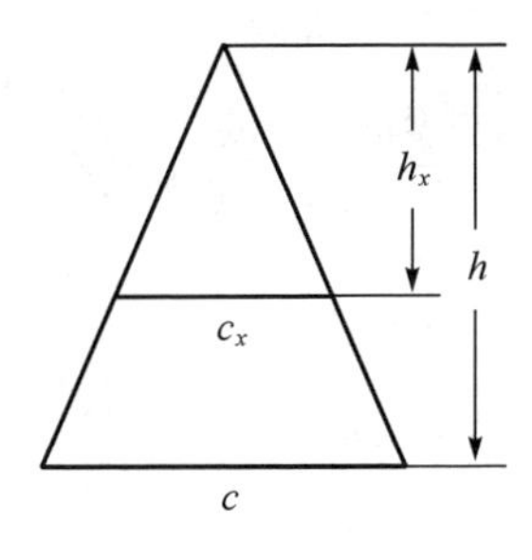

圖 3

故有

$$b_x=\frac{(b-a)h_x}{h}+a, \tag{2}$$

$$c_x=\frac{h_x c}{h}。 \tag{3}$$

以(2)(3)代入(1)得：

$$\begin{aligned}V'&=\frac{1}{6}h_x\frac{ch_x}{h}\left[\frac{2(b-a)h_x}{h}+2a+a\right]\\&=\frac{ch_x^2}{6h}\left[\frac{2(b-a)}{h}h_x+3a\right]\\&=\frac{2c(b-a)}{6h^2}h_x^3+\frac{ac}{2h}h_x^2,\end{aligned}$$

於是得：

$$h_x^3+\frac{3ah}{2(b-a)}h_x^2=\frac{6h^2V'}{2c(b-a)}。$$

自注：此乙積(V')本倍下袤$(2b_x)$，上袤(a)從之，以下廣(c_x)及高(h_x)乘之，六而一，爲一甍積$\left[V^1=\frac{1}{6}h_xC_x(2b_x+a)\right]$。今還元須六因之，以高冪乘之，爲實$(6h^2)$。乘①袤差乘廣而一$\left[\frac{6h^2}{c(b-a)}\right]$，得取高自乘，以乘二上袤之高②$\left[\frac{6h^2}{c(b-a)}\times\frac{h_x}{6}\times\frac{ch_x}{h}\times 3a=\frac{3ah}{b-a}h_x^2\right]$。并大廣、袤相連之數③，則三小高爲廉法$\left(\frac{3ah}{b-a}\right)$。各以取高$(h_x)$爲方，仍有取高爲立方者④$(2h_x^3)$故半之爲立方一，又須半廉法。

操南案：其意爲$2h_x^3+\frac{3ah}{b-a}h_x^2$，半之爲$h_x^3+\frac{3ah}{2(b-a)}h_x^2$也。

兹將注義綜合釋之於次。

$$V'=\frac{1}{6}h_x(2b_x+a)c_x。$$

以$\frac{6h^2}{c(b-a)}$乘各方，並以$b_x=\frac{(b-a)h_x}{h}+a$與$c_x=\frac{h_xc}{h}$代入，使式變爲：

① 李校："乘字衍文。"
② 李校："當作以乘上袤之高者三。"
③ 李校："此句衍文。"
④ 李校："當作爲立方者二。"

$$\frac{6h^2V'}{c(b-a)}=\frac{6h^2}{c(b-a)}\times\frac{1}{6}h_x\left[\frac{2(b-a)}{h}h_x+2a+a\right]\frac{ch_x}{h}$$

$$=\frac{6h^2}{c(b-a)}\times\frac{1}{6}\times\frac{ch_x^2}{h}\left(\frac{2(b-a)}{h}h_x\right)+\frac{6h^2}{c(b-a)}$$

$$\times\frac{1}{6}\times\frac{ch_x^2}{h}\times 3a$$

$$=2h_x^3+\frac{3ah}{b-a}h_x^2。$$

半之，得：

$$h_x^3+\frac{3ah}{2(b-a)}h_x^2=\frac{6h^2V'}{2c(b-a)}。$$

循術而以數行之：

$V'=36\times 243\times 8=69984$（立方尺）爲積尺，

$\frac{6\times 69984\times 12^2}{2\times 6(9-3)}=839808$ 爲實，

$\frac{3\times 12\times 3}{2(9-3)}=9$ 爲廉，

$h_x^3+90h_x^2=839808$，求 h_x。

從開立方得乙高 72 尺，甍高減乙高 $120-72=48$（尺）得甲高。置乙高，以袤差乘之，本高除之，加上袤 $\frac{72(90-30)}{120}+30=66$（尺）爲甲上袤，又置乙高，以廣乘之，本高除之 $\frac{72\times 60}{120}=36$（尺）爲甲上廣。

第九問

假令圓囤上小下大，斛法二尺五寸，以率徑一周三，上、下周差一丈二尺，高多上周一丈八尺，容粟七百五斛六斗，今已運出二百六十六石四斗，問：殘粟去口、上、下周高各多少？

答曰：

上周一丈八尺，

下周三丈，

高三丈六尺，

去口一丈八尺，

粟周二丈四尺。

求圓囤上、下周及高術曰：以斛法乘容粟，又三十六乘之，三而一，爲方亭之積 $\left(\frac{36V}{3}\right)$。又以周差自乘，三而一 $\left[\frac{1}{3}(c_b-c_a)^2\right]$爲隅陽冪，以乘截高$(h-c_a)$，以減亭積，餘爲實 $\left[\frac{36V}{3}-\frac{1}{3}(c_b-c_a)^2(h-c_a)\right]$。又以周差乘截高$[(c_b-c_a)(h-c_a)]$加隅陽冪$\left[\frac{1}{3}(c_b-c_a)^2\right]$爲方法。又以周差$(c_b-c_a)$加截高$(h-c_a)$爲廉法。從開立方除之，得上周$(c_a)$。加差而合所問。

$$c_a^3+[(c_b-c_a)+(h-c_a)]c_a^2+\left[\frac{1}{3}(c_b-c_a)^2+(c_b-c_a)(h-c_a)\right]c_a=\frac{36}{3}V-\frac{1}{3}(c_b-c_a)^2(h-c_a)。$$

操南案:《九章算術》稱圓囤爲圓亭,玆先證《九章》圓亭之公式。如圖1,設圓亭上底面之半徑爲 r_a,下底面之半徑爲 r_b,高爲 h。通過兩底面中心之連結綫,向右側作平面,得截面 $ABCD$,爲一直梯形,上、下二底各等於 r_a、r_b,高等於 h。延長 BA、CD 交於點 E,設 ED 之高爲 h',如圖2所示。是爲圓亭之頂加一小圓錐,其底面即與圓臺之上底面同,與下圓亭相合,則成一大圓錐,其高爲 $(h+h')$,其底面與圓亭之下底面同。

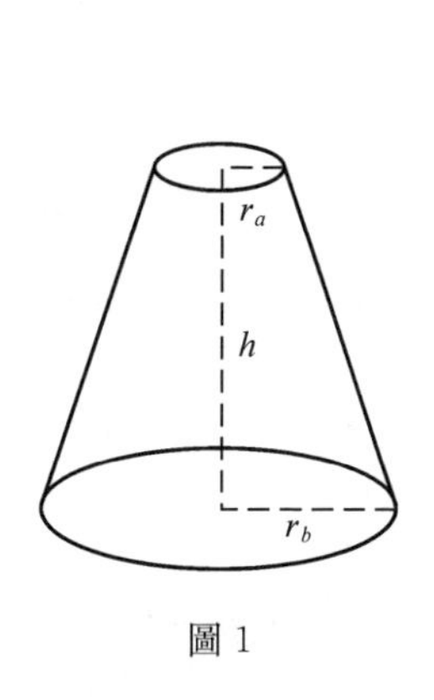

圖1

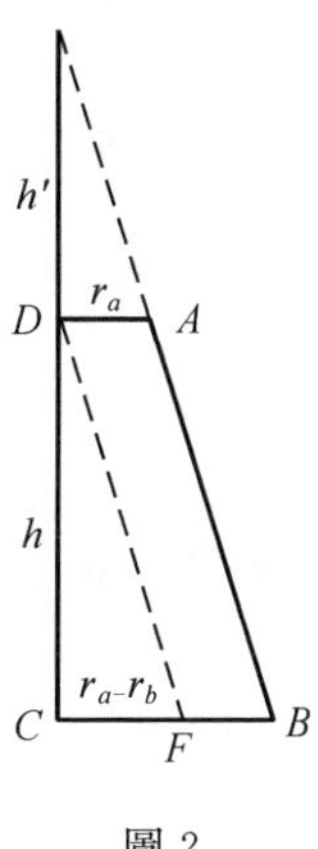

圖2

又作 $DF /\!/ AB$,由相似三角形底與高成比例之定理,得:

$$(r_b-r_a):r_a=h:h'。$$

故

$$h'=\frac{hr_a}{r_a-r_b}。$$

於是得大圓錐之體積爲:

$$A=\frac{1}{3}(h+h')\pi\cdot r_b^2$$

$$=\frac{1}{3}\left(h+\frac{hr_a}{r_b-r_a}\right)\pi\cdot r_b^2$$

$$=\frac{\pi}{3}hr_b^2+\frac{\pi hr_ar_b^2}{3(r_b-r_a)}。$$

小圓錐之體積爲：

$$B=\frac{1}{3}h'\times\pi r_a^2=\frac{1}{3}\frac{hr_a}{r_b-r_a}\pi r_a^2=\frac{\pi hr_a^3}{3(r_b-r_a)}。$$

兩式相減，得圓臺之體積爲：

$$V=\frac{\pi}{3}hr_b^2+\frac{\pi hr_ar_b^2-\pi hr_a^3}{3(r_b-r_a)}$$

$$=\frac{\pi}{3}hr_b^2+\frac{\pi hr_a(r_b^2-r_a^2)}{3(r_b-r_a)}$$

$$=\frac{\pi}{3}hr_b^2+\frac{\pi hr_a}{3}(r_b+r_a)$$

$$=\frac{\pi}{3}h(r_b^2+r_ar_b+r_a^2)$$ ……《九章算術》圓亭公式一

《九章算術》方亭公式，亦可仿此法證之。此公式以直徑及周代入可變通而得下列二式。

設上底面之直徑爲 d_a，下底面之直徑爲 d_b，則 $r_a=\frac{1}{2}d_a$，$r_b=\frac{1}{2}d_b$ 代入公式一，得：

$$V=\frac{\pi}{12}h(d_a^2+d_ad_b+d_b^2)$$ ……《九章算術》圓亭公式二

設上底面之周爲 c_a，下底面之周爲 c_b，則 $d_a=\frac{1}{\pi}c_a$，$d_b=\frac{1}{\pi}c_b$，代入公式二，得：

$$V=\frac{\pi}{12}h(c_a^2+c_ac_b+c_b^2)$$ ……《九章算術》圓亭公式三

次述《緝古》之法，設已知

c_b-c_a　$c_b=c_a+(c_b-c_a)$；

$h-c_a \quad h=c_a+(h-c_a)$，

求 c_a。由《九章算術》圓亭公式三，得體積爲：

$$V=\frac{1}{12\pi}[c_a+(h-c_a)][c_a^2+c_a(c_b-c_a)+c_a+(c_b-c_a)]$$

$$=\frac{1}{12\pi}[c_a+(h-c_a)][3c_a^2+3c_a(c_b-c_a)+(c_b-c_a)^2]$$

$$=\frac{1}{4\pi}[c_a+(h-c_a)]\left[c_a^2+c_a(c_b-c_a)+\frac{1}{3}(c_b-c_a)^2\right]$$

$$=\frac{1}{4\pi}\left\{c_a^3+[(h-c_a)+(c_b-c_a)]c_a^2+\left[\frac{1}{3}(c_b-c_a)^2\right.\right.$$

$$\left.\left.+(c_b-c_a)(h-c_a)\right]c_a+\frac{1}{3}(c_b-c_a)^2(h-c_a)\right\}。$$

故得

$$c_a^3+\left[(h-c_a)+(c_b-c_a)\right]c_a^2$$

$$+\left[\frac{1}{3}(c_b-c_a)^2+(c_b-c_a)(h-c_a)\right]c_a$$

$$=4\pi V-\frac{1}{3}(c_b-c_a)^2(h-c_a)。$$

內 4π《緝古》以 $\frac{36}{3}$ 入算。

依術以算數衍之：

$2.5\times705.6=1764$（立方尺）爲圓囤之積。

以 $V=1764, c_b-c_a=12, h-c_a=18, \pi=3$ 代入

$\frac{36}{3}\times1764-\frac{1}{3}\times12^2\times18=20304$ 爲實。

$\frac{1}{3}\times12^2+12\times18=264$ 爲方。

$12+18=30$ 爲廉。

從開立方得圓囤上周爲 18 尺，下周爲 $12+18=30$（尺），高

爲 18＋18＝36(尺)。

求粟去口術曰：以斛法乘出斛，三十六乘之，以乘高冪(h^2)，如周差冪$[(c_b-c_a)^2]$而一爲實$\left[\dfrac{12\pi h^2V'}{(c_b-c_a)^2}\right]$。高乘上周($hc_a$)，周差($c_b-c_a$)而一，爲小高$\left(\dfrac{hc_a}{c_b-c_a}\right)$。令自乘，三之，爲方法$\left[\dfrac{3h^2c_a^2}{(c_b-c_a)^2}\right]$。三因小高爲廉法$\left(\dfrac{3hc_a}{c_b-c_a}\right)$。從開立方除之，

$$h_x^3+\frac{3hc_a}{c_b-c_a}h_x^2+\frac{3h^2c_a^2}{(c_b-c_a)^2}=\frac{12\pi h^2V'}{(c_b-c_a)^2}$$即去口(h_x)。【自注：三十六乘訖即是截方亭，之[①]前方窖不別。】置去口，以周差乘之($h_x(c_b-c_a)$)以本高(h)除之所[②]加上周(c_a)，即粟周(c_x)。

$$c_x=\frac{h_x(c_b-c_a)}{h}+c_a。$$

操南案：此圓亭截積術也。設以平行於兩底之平面，横截圓亭爲二。其截面之圓，直徑爲 d_x；上端截下之圓臺高爲 h_x，則由《九章算術》圓亭公式二，知圓亭之體積爲：

$$V'=\frac{\pi}{12}h_x(d_a^2+d_ad_x+d_x^2)。\tag{1}$$

又通過兩底面之中心作一平面，得截面 ABCD，爲一梯形。其上、下二底各等於 d_a、d_b，高等於 h，其與横截面之交綫 EF 等於 d_x，作 DHG 平行於 AB，則由相似三角形底與高成比例之定理，得：

---

① 李校："之當作與。"
② 李校："所下脱得字。"

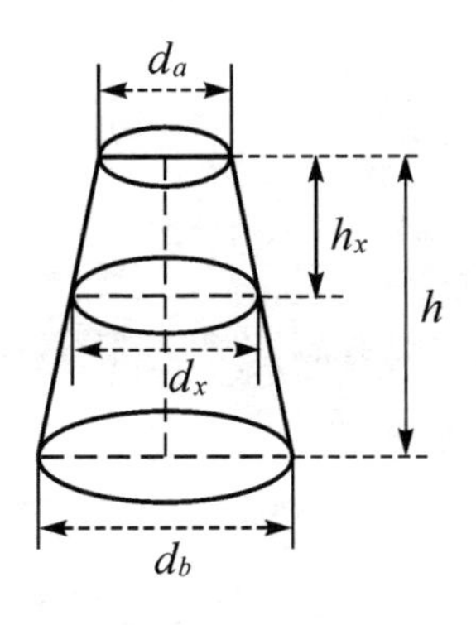

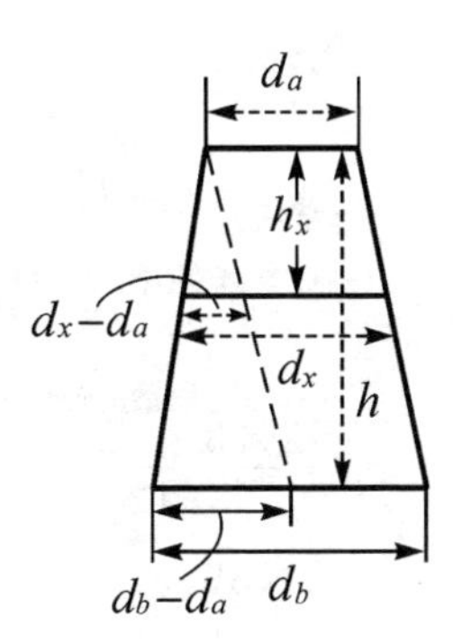

$$(d_b - d_a):(d_x - d_a) = h:h_x$$

$$d_x - d_a = \frac{h_x(d_b - d_a)}{h}$$

$$d_x = \frac{h_x(d_b - d_a)}{h} + d_a。 \tag{2}$$

順次以$\frac{c_a}{\pi}$、$\frac{c_b}{\pi}$、$\frac{c_x}{\pi}$代入 d_a、d_b、d_x 得：

$$c_x = \frac{h_x(c_b - c_a)}{h} + c_a。$$

以(2)代入(1)得：

$$V' = \frac{\pi}{12}h_x\left[d_a^2 + d_a\left(\frac{h_x(d_b - d_a)}{h} + d_a\right) + \left(\frac{h_x(d_b - d_a)}{h} + d_a\right)^2\right]$$

$$= \frac{\pi}{12}h_x\left[3d_a + \frac{3d_a(d_b - d_a)}{h}h_x + \frac{(d_b - d_a)^2}{h^2}h_x^2\right]$$

$$= \frac{\pi}{4}d_a^2 h_x + \frac{\pi}{4}\frac{d_a(d_b - d_a)}{h}h_x^2 + \frac{\pi}{12}\frac{(d_b - d_a)^2}{h^2}h_x^3。$$

於是得：

$$h_x^3 + \frac{3hd_a}{d_b - d_a}h_x^2 + \frac{3h^2 d_a^2}{(d_b - d_a)^2}h_x = \frac{12h^2 V'}{\pi(d_b - d_a)^2}。$$

以$\frac{c_a}{\pi}$代 d_a，$\frac{c_b}{\pi}$代 d_b 得：

$$h_x^3+\frac{3hc_a}{c_b-c_a}h_x^2+\frac{3h^2c_a^2}{(c_b-c_a)^2}h_x=\frac{12\pi h^2V'}{\pi(c_b-c_a)^2}。$$

就題問入算：

$2.5\times266.4=666$(立方尺)。

以 $V'=666$，$h=36$，$c_a=18$，$c_b-c_a=12$，$\pi=3$ 代入前式，得

$$\frac{12\times3\times36^2\times666}{12^2}=215784\text{ 爲實，}$$

$$\frac{3\times36^2\times18^2}{12^2}=8748\text{ 爲方。}$$

$$\frac{3\times36\times18}{12}=162\text{ 爲廉。}$$

$$h_x^3+162h_x^2+8748h_x^2=215784$$

從開立方得出粟高爲 18 尺，餘粟之高爲 $36-18=18$(尺)，又得餘粟上周爲 $\frac{18\times12}{36}+18=24$(尺)。

第十問

假令有粟二萬三千一百二十斛七斗三升。欲作方倉一、圓窖一,盛各滿中而粟適盡。令高、深等,使方面少於圓徑九寸,多於高二丈九尺八寸。率:徑七、周二十二。問:方、徑、深各多少?

答曰:

倉方四丈五尺三寸,

窖徑四丈六尺二寸,

高與深各一丈五尺五寸。

求方徑高深術曰:十四乘斛法,以乘粟數,二十五而一,爲實$\left(\frac{14V}{25}\right)$。又倍多$[2(a-h)]$加少$(d-a)$,以乘少數$(d-a)$,又十一乘之,二十五而一$\left\{\frac{11}{25}\left[2(a-h)+(d-a)\right](d-a)\right\}$。多自乘$[(a-h)^2]$加之,爲方法。

$$\frac{11}{25}[2(a-h)+(d-a)](d-a)+(a-h)^2=\frac{11}{25}(d-a)^2+(a-h)^2+\frac{22}{25}(d-a)(a-h)。$$

又倍少數,十一乘之,二十五而一$\left[\frac{11}{25}\times 2(d-a)=\frac{22}{25}(d-a)\right]$。又倍多$[2(a-h)]$加之,爲廉法。從開立方除之,即高深$(h)$,各加差,即方徑。

操南案:《九章算術》稱方倉爲方堡壔,圓窖爲圓堡壔,其求積之理甚簡。設方倉底面每邊爲a,高爲h,其體積爲:

$$V_1=a^2h\cdots\cdots《九章算術》方堡壔公式$$

設圓窖底面半徑爲 r，直徑爲 d，高爲 h，其體積爲：

$V_2=\pi r^2h$……《九章算術》圓堡壔公式一

或爲：

$V_2=\frac{\pi}{4}d^2h$……《九章算術》圓堡壔公式二

就題示已知，共積

$V=V_1+V_2\quad h_1=h_2$；

$d-a\qquad d=(d-a)+a(d-a)+(a-h)+h$；

$a-h\qquad a=(a-h)+h$；

$V_1=a^2h\qquad V_2=\frac{\pi}{4}d^2h$；

$$\begin{aligned}a^2h&=[(a-h)+h]^2h\\&=[(a-h)^2+2(a-h)h+h^2]h\\&=h^3+2(a-h)h^2+(a-h)^2h。\end{aligned}\tag{1}$$

$$\begin{aligned}\frac{\pi}{4}d^2h&=\frac{\pi}{4}[(d-a)+(a-h)+h]^2h\\&=\frac{\pi}{4}[(d-a)^2+(a-h)^2+h^2+2(d-a)(a-h)\\&\quad+2(d-a)h+2(a-h)h]h\\&=\frac{\pi}{4}[h^3+2(d-a)h^2+2(a-h)h^2+(d-a)^2h\\&\quad+(a-h)^2h+2(d-a)(a-h)h]。\end{aligned}\tag{2}$$

(1)+(2)得：

$$\begin{aligned}V&=\frac{\pi}{4}h^3+h^3+2\times\frac{\pi}{4}(d-a)h^2+2\times\frac{\pi}{4}(a-h)h^2\\&\quad+2(a-h)h^2+\frac{\pi}{4}(d-a)^2h+\frac{\pi}{4}(a-h)^2h+(a-h)^2h\\&\quad+2\times\frac{\pi}{4}(d-a)(a-h)h\end{aligned}$$

$$=\left(\frac{\pi}{4}+1\right)h^3+\frac{2\pi}{4}(d-a)h^2+\left(\frac{2\pi}{4}+2\right)(a-h)h^2$$

$$+\frac{\pi}{4}(d-a)^2h+\left(\frac{\pi}{4}+1\right)(a-h)^2h+\frac{2\pi}{4}(d-a)(a-h)h$$

以 $\pi=\frac{22}{7}$ 代入，並以 $\frac{4}{4+\pi}=\frac{14}{25}$，乘各項得：

$$h^3+\left[\frac{22}{25}(d-a)+2(a-h)\right]h^2+\left[\frac{11}{25}(d-a)^2+(a-h)^2\right.$$

$$\left.+\frac{22}{25}(d-a)(a-h)\right]h=\frac{14V}{25}。$$

即：

$$h^3+\left[\frac{11}{25}\times 2(d-a)+2(a-h)\right]h^2+\left\{\frac{11}{25}[2(a-h)\right.$$

$$\left.+(d-a)](d-a)+(a-h)^2h\right\}=\frac{14V}{25}。$$

自注：一十四乘斛法，以乘粟爲積尺。前一十四除，今還元一十四乘，爲徑自乘者，是一十一，方自乘者，是一十四，故并之爲二十五。凡此方圓二徑長短不同，二徑各自乘爲方①，大小各別。然則此斬方二丈九尺八寸，斬徑三丈七寸皆成立方②。此應斬方自乘，一十四乘之，斬徑自乘，一十一乘之，二十五而一，爲隅冪，即方法也，但二隅方③皆以斬數爲方面。今此術就省。

① 李校："此方即方冪。"

② 李校："立方當作方面。"

③ 李校："方當作冪。"

倍小隅方[①],加差[②]爲短[③]。以差乘之,爲短[④]冪。一十一乘之,二十五而一。又小隅方自乘之數即是方圓之隅同有此數,若二十五乘之,還須二十五除。直以小隅方自乘加之[⑤],故不復乘除。又須[⑥]倍二廉之差,一十一乘之,二十五而一,倍二廉[⑦],加之,故[⑧]爲廉法,不復二十五乘除之也。

操南案:王氏自注,乃釋方法、廉法之條段也。李潢考注解之極明。玆總括其意,述之於次。

高深同數,求得方倉之高,即圓窖之深也。以高 h 并方面多於高數 $(a-h)$ 爲方面 a,自之爲小方 a^2。$h+(a-h)=a$,$a^2=[(a-h)+h]^2$。内分四冪:爲高自乘一 (h^2),即所求高之立方隅冪,以平方言之,則高自乘冪也。又多自乘一 $(a-h)^2$,高乘多二 $2(a-h)h$,并之爲小磬折形 $(a-h)^2+2(a-h)h$,附於高自乘正方之外,合爲小方形 $a^2=h^2+(a-h)^2+2(a-h)h$。此形宜十四乘之,爲十四小方,又二十五除之,爲二十五分之一,即

$$\frac{14}{25}a^2=\frac{14}{25}[h^2+(a-h)^2+2(a-h)h]。$$

又以高 h,并圓徑多於高數 $(d-h)$,即方面多於高 $(a-h)$,少於圓徑 $(d-a)$,并多少二數 $(a-h)+(d-a)$,即圓徑多於高

---

① 李校:"此方即方面,術文倍多是也。"
② 李校:"差即術文所云少。"
③ 李校:"短當作矩。"操南案:矩之意猶廉也。
④ 李校:"短亦當作矩。"
⑤ 李校:"此下脱爲方法三字。"
⑥ 李校:"當作直。"
⑦ 李校:"當作小廉。"
⑧ 李校:"故字衍文。"

之數$(d-h)$：

$h+(a-h)+(d-a)=h+(d-h)=d$。圓徑自之d^2，得大方d^2：

$$d^2=[h+(d-h)]^2。$$

内分四冪爲高自乘一(h^2)，又并多少自乘一$(d-h)^2$，高乘并多少二$2(d-h)h$，亦并之爲磬折形。$d-h)^2+2(d-h)h$。附於高自乘正方之外，合爲大方形，即

$$d^2=h^2+(d-h)^2+2(d-h)h。$$

此形宜十一乘之，爲十一大方，又二十五除之，爲二十五分之一，即

$$\frac{11}{25}d^2=\frac{11}{25}[h^2+(d-h)^2+2(d-h)h]。$$

并小大方，各乘除所得二十五分之一，即所求定冪，以高乘之，即所求定實，以減開立方，實適盡。

右本法也，若捷法則置小方不動，不用乘除，仅以大小二磬折形之較積，十一乘，二十五除，得其二十五分之一分，以并小方即定冪。其故何也，大方内兼有小方，大小二方之較，即大小二磬折形之較也。同此一方徑自乘之冪即爲小方，則以十四乘，二十五除，爲大方；内小方則以十一乘，二十五除。同以二十五除，而一以十四乘，一以十一乘，并十四與十一，即二十五乘也。乘除同以二十五，可省乘除不同，故置小方不動也。其二磬折形之較，乃大方多於小方之餘冪，故仍用大方本法，以十一乘，二十五除，而得餘冪之一分，以并小方爲定冪也。

王氏之釋條段也。分大方(d^2)爲高自乘冪(h^2)與大磬折形$[(d-h)^2+2(d-h)h]$，又分大磬折形爲小磬折形$[(a-h)^2+2(a-h)h]$與餘冪形$[(d-a)^2+2(d-a)(a-h)+2(d-a)h]$。高自乘冪$(h^2)$并小磬折形$[(a-h)^2+2(a-h)h]$爲小方形。不

用乘除，止以餘冪十一乘，二十五除，得一分。以并小方爲定冪，皆同前解。其分大磬折形則分大隅($(a-h)^2$)與大廉($2(d-h)h$)爲二段。又分大隅爲小隅，【即多自乘 $2(a-h)h$】與較隅【即小隅外磬折形$(d-a)^2$】。又分二大廉[$2(d-h)h$]爲二小廉，【即倍多乘高 $2(a-h)h$】與二較廉【即倍少乘高 $2(d-a)h$】小隅及二小廉，皆小方所有之數，故省乘除不用，唯較隅較廉是大方所多之數，宜十一乘，二十五除，爲一分。乃以較隅之一分，并小隅爲方法，即倍多，加少【多即小隅之方面，少即大小隅之較】以乘少數，【即較隅之爲磬折形者】又十一乘之，二十五而一，多自乘【即小隅】加之爲方法也。又以較廉之一分，并二小廉爲廉法，即倍少數，十一乘之，二十五而一，【此較廉之一分】又倍多，【即二小廉】①加之爲廉法也。

方倉、圓窖之共積爲：

$$V=a^2h+\frac{1}{4}\pi d^2h,\text{而}$$

$a^2=[(a-h)+h]^2=[h^2+(a-h)^2+2(a-h)h]$，小方形；

$d^2=[h+(d-h)]^2=[h^2+(d-h)^2+2(d-h)h]$，大方形。

方倉之積爲(a^2h)，a^2 之係數爲 1，圓窖之積爲($\frac{1}{4}\pi d^2h$)，d^2 之係數爲$\frac{1}{4}\pi$，$\pi=\frac{22}{7}$，則 d^2 之係數爲$\frac{1}{4}\pi=\frac{\frac{22}{7}}{4}=\frac{11}{14}$，$a^2$ 之係數可改爲$\frac{14}{14}$，大小二方相并，則$\frac{1}{4}\pi+1=\frac{25}{14}$，如以$\frac{14}{25}$乘共積，則小方之積

① 本段【】内文字，爲劉操南案中所注的説明。

$\frac{14}{14}\times\frac{14}{25}=\frac{14}{25}$，故小方宜以$\frac{14}{25}$乘之，大方之積$\frac{11}{14}\times\frac{14}{25}=\frac{11}{25}$，故大方宜以$\frac{11}{25}$乘之，得：

$$\frac{14}{25}[h^2+(a-h)^2+2(a-h)h],$$

$$\frac{11}{25}[h^2+(d-h)^2+2(d-h)h]。$$

今分大方爲：

$$\underset{\text{高冪}}{h^2}+\underset{\text{大磬折形}}{(d-h)^2+2(d-h)h}=h^2+\underset{\text{小磬折形}}{(a-h)^2+2(a-h)h}$$

$$\underset{\text{餘冪形}}{+(d-a)^2+2(d-a)(a-h)+2(d-a)h}。$$

小方爲：

$$\underset{\text{高冪}}{h^2}+\underset{\text{小磬折形}}{(a-h)^2+2(a-h)h}。$$

大磬折形爲：

$$\underset{\text{大隅}}{(d-h)^2}+\underset{\text{大廉}}{2(d-h)h}$$

$$=\underset{\text{小隅}}{(a-h)^2}+\underset{\text{較}}{(d-a)^2}+\underset{\text{二小廉}}{2(a-h)h}+\underset{\text{二較廉}}{2(d-a)h}。$$

上小隅$(a-h)^2$，二小廉$2(a-h)h$，皆小方所有之數，故省乘除不用。較隅$(d-a)^2$，二較廉$2(d-a)h$，皆大方所有之數，故$\frac{11}{25}$乘之。整理之，故較隅$\frac{11}{25}(d-a)^2$，小隅$(a-h)^2$，較隅之磬折形，即大小隅較以乘少數$2(d-a)(a-h)$并之爲方法。二較廉$\frac{11}{25}\times2(d-a)h$，并二小廉$2(a-h)h$爲廉法。

推術以數演之：

$$\frac{14\times2.5\times23120.73}{25}=32369.022$$ 爲實，

$$(2\times29.8+0.9)\times0.9\times\frac{11}{25}+29.8^2=911.998$$ 爲方法，

$$2\times0.9\times\frac{11}{25}+2\times29.8=60.392$$ 爲廉法。

從開立方得倉高與窖深各爲 15.5 尺，倉方爲 15.5＋29.8＝45.3(尺)，窖深爲 15.5＋30.7＝46.2(尺)。

還元術曰：倉方自乘，以高乘之爲實。圓徑自乘，以深乘之，一十一乘，一十四而一，爲實。皆以斛法除之，即得窖粟。

操南案：

窖積$=a^2h+\frac{1}{4}\pi d^2h=a^2h+\frac{\frac{22}{7}}{4}d^2h=a^2h+\frac{11}{14}d^2h$，

$$45.3^2\times15.5+\frac{11}{14}\times46.2^2\times15.5=57801.825,$$

$$\frac{57801.825}{2.5}=23120.73$$ 爲原窖粟數。

第十一問

假令有粟一萬六千三百四十八石八斗。欲作方倉四、圓窖三,令高深等。方面少於圓徑一丈,多於高五尺。斛法二尺五寸。率:徑七、周二十二。問:方、高、徑各多少?

答曰:

方一丈八尺,

高深一丈三尺,

圓徑二丈八尺。

術曰:以一十四乘斛法,以乘粟數,如八十九而一,爲實。倍多加少,以乘少數,三十三乘之,八十九而一,多自乘加之,爲方法。又倍少數,以三十三乘之,八十九而一,倍多加之爲廉法。

$$h^3+\left[\frac{33}{89}\times 2(d-a)+2(a-h)\right]h^2+\left\{\frac{33}{89}[2(d-a)+2(a-h)](d-a)+(a-h)^2\right\}h=\frac{14V}{89}。$$

從開立方除之,即高深。各加差即方徑。

自注:一十四乘斛法,以乘粟,爲徑自乘及方自乘數,與前同。今方倉四,即四因十四,圓窖三,即三因十一,并之爲八十九而一。此斬徑一丈五尺,斬方五尺,以高爲立方,自外意同前。

操南案:此題立術之理與前題同,惟變"方倉一、圓窖一"爲"方倉四、圓窖三"耳。小大方之係數$\left(\frac{\pi}{4}+1\right)$換爲$\left(3\times\frac{\pi}{4}+4=\frac{33}{14}+\frac{56}{14}\frac{89}{14}\right)$。使小大方之係數齊爲一,即以$\left(\frac{14}{89}\right)$乘之,故術云:以十四乘斛法,以乘粟數,如八十九而一,爲實也。大方之係數原爲$\left(\frac{\pi}{4}\right)$,今爲$\left(3\times\frac{\pi}{4}=\frac{33}{14}\right)$,以$\left(\frac{14}{89}\right)$齊之爲$\left(\frac{33}{14}\times\frac{14}{89}=\frac{33}{89}\right)$,故術方法爲大方倍多加少,以乘少數,及廉法爲大方倍少數,皆云以三十三乘之,八十九而一也。餘不具論,今循术而以數演之。

方面少於圓徑 10,多於高 5,斛法爲 2.5,$\pi=\frac{22}{7}$,粟數 16348.8,方 4,圓 3,高深同。

$$\frac{14\times 2.5\times 16348.8}{89}=6429\,\frac{27}{89}\text{爲實},$$

$$(2\times 5+10)10\times\frac{33}{89}=74\,\frac{14}{89},$$

$$5^2=25,$$

$$25+74\,\frac{14}{89}=99\,\frac{14}{89}\text{爲方法},$$

$$2\times 10\times\frac{33}{89}+2\times 5=17\,\frac{37}{89}\text{爲廉法},$$

$$h^3+17\,\frac{37}{89}h^2+99\,\frac{14}{89}h=6429\,\frac{27}{89}\text{。}$$

從開立方得高深爲 13 尺,加差 13+5=18,方面 18 尺,18+10=28,圓徑爲 28 尺。

第十二問

假令有粟三千七十二石。欲作方倉一、圓窖一,令徑與方等,方多於窖深二尺,少於倉高三尺,盛各滿中而粟適盡(圓率、斛法並與前同)。問:方、徑、高、深各多少?

答曰:

方、徑各一丈六尺,

高一丈九尺,

深一丈四尺。

術曰:三十五乘粟,二十五而一爲率,多自乘$[(a-h_2)^2]$,以并多少(h_1-h_2)乘之,以乘一十四,如二十五而一。所得以減率,餘爲實$\left[\frac{35}{25}\text{粟數}-\frac{14}{25}(a-h)^2(h_1-h_2)\right]$。并多少$(h_1-h_2)$,以乘多$(a-h_2)$,倍之,乘一十四,如二十五而一,多自乘$[(a-h_2)^2]$加之,爲方法$\left[\frac{14}{25}\times 2(a-h_2)(h_1-h_2)+(a-h_2)^2\right]$,又并多少$(h_1-h_2)$,以乘一十四,如二十五而一,倍多$(a-h_2)$加之,爲廉法$\left[\frac{14}{25}(h_1-h_2)+2(a-h_2)\right]$。

$$h_2^3+\left[\frac{14}{25}(h_1-h_2)+2(a-h_2)\right]h_2^2$$
$$+\left[(a-h_2)^2+2(a-h_2)(h_1-h_2)\frac{14}{25}\right]h_2$$
$$=\frac{35\text{ 粟數}}{25}-\frac{14}{25}(a-h_2)^2(h_1-h_2)。$$

從開立方除之,即窖深h_2。各加差即方徑高。

操南案：設方倉之底面每邊爲 a，高爲 h_1，即圓窖之底徑爲 a，高爲 h_2，則由《九章算術》方圓堡壔公式得共積爲：

$$V=a^2h_1+\frac{\pi}{4}a^2h_2。$$

已知 $(a-h_2)$ 爲多，(h_1-a) 爲少，並知 $a=h_2+(a-h_2)$，$h_1=a+(h_1-a)=h_2+(h_1-h_2)$，代入得

$$\begin{aligned}a^2h_1&=[h_2+(a-h_2)]^2[h_2+(h_1-h_2)]\\&=[h_2^2+2(a-h_2)h_2+(a-h_2)^2][h_2+(h_1-h_2)]\\&=h_2^3+(h_1-h_2)h_2^2+2(a-h_2)h_2^2+2(a-h_2)(h_1-h_2)h_2\\&\quad+(a-h_2)^2h_2+(a-h_2)^2(h_1-h_2),\end{aligned}$$

$$\begin{aligned}\frac{\pi}{4}a^2h_2&=\frac{\pi}{4}[h_2+(a-h_2)]^2h_2\\&=\frac{\pi}{4}[h_2^2+2(a-h_2)h_2+(a-h_2)^2]h_2\\&=\frac{\pi}{4}h_2^3+\frac{\pi}{4}\times 2(a-h_2)h_2^2+\frac{\pi}{4}(a-h_2)^2h_2。\end{aligned}$$

相加，整理之

$$\begin{aligned}&\left(\frac{\pi}{4}+1\right)h_2^3+\left(\frac{\pi}{4}+1\right)2(a-h_2)h_2^2+(h_1-h_2)h_2^2\\&+\left(\frac{\pi}{4}+1\right)(a-h_2)^2h_2+2(a-h_2)(h_1-h_2)h_2\\&=V-(a-h_2)^2(h_1-h_2),\end{aligned}$$

$$\begin{aligned}&h_2^3+\left[2(a-h_2)+\frac{14}{25}(h_1-h_2)\right]h_2^2+\left[(a-h_2)^2\right.\\&\left.+2\times\frac{14}{25}(a-h_2)(h_1-h_2)\right]h_2\\&=\frac{14}{25}\times 2.5\times\text{粟数}-\frac{14}{25}(a-h_2)^2(h_1-h_2)\\&=\frac{35}{25}\times\text{粟数}-\frac{14}{25}(a-h_2)^2(h_1-h_2)。\end{aligned}$$

自注：截高五尺，斬徑及方二尺，以深爲立方，十四乘斛法，故三十五乘粟，多自乘，并多少乘之，爲截高隅積減率餘即二方廉各二尺，長五尺，自外意旨皆與前同。

操南案：以深十四尺減高十九尺，餘五尺爲截高。此五尺即并二尺，少三尺之數，$(a-h_2)+(h_1-a)=(h_1-h_2)$。蓋方多於深，而高又多於方，故以深減高，得并多少數爲截高也。方面、圓徑同爲十六尺，多於窖深二尺，故以深減徑得二尺，爲斬徑也。以深爲立方，方倉、圓窖之共積立方爲$\left(\frac{\pi}{4}+1\right)h_2^3$，使立方之係數齊爲一，以一十四，二十五而一乘除各項，以一十四如二十五而一，乘除斛法二尺五寸，再乘粟，故得三十五乘粟如二十五而一爲率也。以乘它項，多之係數$\left(\frac{\pi}{4}+1=\frac{25}{14}\right)$乘除之適爲一，方法、廉法以并多少，即截高之係數爲一，故皆以十四乘、二十五除也。

以多二尺，加深爲方，自之得方冪。分爲四段，内有深自乘一，多自乘一，多自乘深二，即

$$a^2=[h_2+(a-h_2)]^2=h_2^2+2(a-h_2)h_2+(a-h_2)^2。$$

方冪　深　多二尺　深自乘一 多自乘一　多自乘深二

又以少三尺加方爲高，亦分高爲深與截高之二數，乘之，得積八段。

$$\begin{aligned}h_1&=h_2+(h_1-h_2),\\ a^2h_1&=[h_2+(a-h_2)]^2[h_2+(h_1-h_2)]\\ &=[h_2^2+2(a-h_2)h_2+(a-h_2)^2][h_2+(h_1-h_2)]\\ &=h_2^3+(h_1-h_2)h_2^2+2(a-h_2)h_2^2\\ &\quad+2(a-h_2)(h_1-h_2)h_2\end{aligned}$$

$$\underset{\text{立方}}{}\ \underset{\text{截高}}{}\ \underset{\text{倍多}}{}\ \underset{\text{倍截高乘多}}{}$$

$$+\underbrace{(a-h_2)^2h_2}_{\text{多自乘}}+\underbrace{(a-h_2)^2(h_1-h_2)}_{\text{截高乘多自乘}}。$$

惟截高與多自乘相乘之一段$(a-h_2)^2(h_1-h_2)$，不用深數，故於積内減去之。所餘七段，則深自乘又乘深者，爲立方(h_2^3)，即隅也。倍截高乘多$2(a-h_2)(h_1-h_2)$與多自乘$(a-h_2)^2$爲方法，是以深一次乘之。截高(h_1-h_2)加倍多$2(a-h_2)$爲廉法，是以深二次乘之也。

隅積減率，餘即二方廉，各二尺，長五尺，是以倍截高乘多與多自乘及截高與倍多六段而言之，多各二尺，長五尺也。

循數而推之以數：

$\frac{35\times3072}{25}-\frac{14}{25}\times2^2\times5=4289.6$ 爲實，

$2\times2\times5\times\frac{14}{25}+2^2=15.2$ 爲方法，

$5\times\frac{14}{25}+2\times2=6.8$ 爲廉法，

$h_2{}^3+6.8h_2{}^2+15.2h_2=4289.6$。

從開立方得窖深爲 14 尺，方及徑各爲 $14+2=16$(尺)，倉高爲 $14+5=19$(尺)。

第十三問

假令有粟五千一百四十五石，欲作方窖、圓窖各一，令口小底大，方面與圓徑等，兩深亦同，其深少於下方七尺，多於上方一丈四尺，盛各滿中而粟適盡（圓率、斛法並與前同）。問：方、徑、深各多少？

答曰：

上方徑各七尺，

下方徑各二丈八尺，

深各二丈一尺。

術曰：以四十二乘斛法，以乘粟，七十五而一，爲方亭積$\left(\frac{42}{75}V\right)$。令方差自乘，三而一爲隅陽冪$\left[\frac{1}{3}(b-a)^2\right]$。以截多$(h-a)$乘之，減積，餘爲實$\left[\frac{42}{75}V-\frac{1}{3}(b-a)^2(h-a)\right]$。乘差$(b-a)$，加冪①爲方法$\left[(h-a)(b-a)+\frac{1}{3}(b-a)^2\right]$，多加差爲廉法$[(h-a)+(b-a)]$。從開立方除之，即上方$a$，加差，即合所問。

操南案：設方窖之上方邊與圓窖之上底徑各爲a，下方邊與下底徑各爲b，高各爲h，則由《九章算术》方亭公式及圓亭公式得共積爲：

---

① 操南案：即隅陽冪$\frac{1}{3}(b-a)^2$。

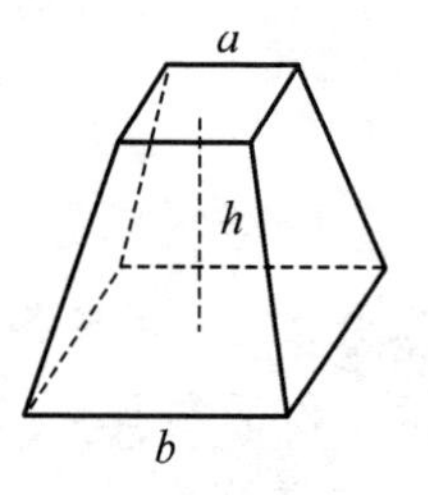

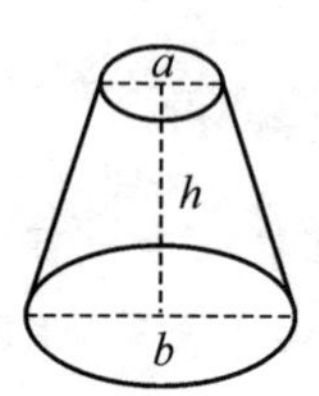

$$V=\frac{1}{3}h(a^2+ab+b^2)+\frac{\pi}{12}h(a^2+ab+b^2)=\frac{\pi+4}{12}h(a^2+ab+b^2)。$$

已知 $h-a, b-h, b-a=(h-a)+(b-h), h=a+(h-a), b=a+(b-a)$。

代入等式右邊得：

$$\begin{aligned}V&=\frac{\pi+4}{12}[a+(h-a)]\{a^2+a[a+(b-a)]+[a+(b-a)]^2\}\\&=\frac{\pi+4}{12}[a+(h-a)][3a^2+3(b-a)a+(b-a)^2]\\&=\frac{\pi+4}{4}[a+(h-a)]\left[a^2+(b-a)a+\frac{1}{3}(b-a)^2\right]\\&=\frac{\pi+4}{4}\left\{a^3+[(b-a)+(h-a)]a^2\right.\\&\quad\left.+(b-a)\left[\frac{1}{3}(b-a)+(h-a)\right]a+\frac{1}{3}(b-a)^2(h-a)\right\}。\end{aligned}$$

於是得：

$$\begin{aligned}&a^3+[(b-a)+(h-a)]a^2\\&+(b-a)\left[\frac{1}{3}(b-a)+(h-a)\right]a\\&=\frac{4V}{\pi+4}-\frac{1}{3}(b-a)^2(h-a)。\end{aligned}$$

亦即：

$$a^3+[(b-a)+(h-a)]a^2$$

$$+\left[\frac{1}{3}(b-a)^2+(h-a)(b-a)\right]a$$

$$=\frac{42V}{75}-\frac{1}{3}(b-a)^2(h-a)。$$

内$\frac{42}{75}$可化簡爲$\frac{14}{25}$。

自注：凡方亭上、下方相乘，又命①自乘，并以乘高爲虚，命三而一，爲方亭積$\left[\frac{1}{3}h(a^2+ab+b^2)\right]$，若圓亭上、下徑相乘，又各自乘，并以乘高爲虚，又十一乘之，四十二而一，爲圓亭積$\left[\frac{11}{42}h(a^2+ab+b^2)=\frac{\pi}{12}h(a^2+ab+b^2)\right]$。今方圓二積，并在一處，故以四十二復乘之，即得圓虚十一，方虚十四，凡二十五而一，得一虚之積。

$$V=\frac{1}{3}h(a^2+ab+b^2)+\frac{\pi}{12}h(a^2+ab+b^2)$$

$$=\frac{14}{42}h(a^2+ab+b^2)+\frac{11}{42}h(a^2+ab+b^2)$$

$$=\frac{25}{42}h(a^2+ab+b^2)。$$

又三除虚積爲方亭實，乃依方高覆問法，見上、下方差及高差與積求上、下高術入之，故三乘二十五而一。

操南案：代入題問依術釋之：

① 命，李校："當作各。"

$$\frac{25}{42}h(a^2+ab+b^2)$$

$$=\frac{25}{42}[a+(h-a)]\{a^2+a[a+(b-a)]+[a+(b-a)]^2\}$$

$$=\frac{25}{42}[a+(h-a)][3a^2+3(b-a)a+(b-a)^2]$$

$$=\frac{25\times3}{42}[a+(h-a)]\left[a^2+(b-a)a+\frac{1}{3}(b-a)^2\right]。$$

故以三乘二十五爲七十五也。依術代入算數演之：

$\frac{42\times2.5\times5145}{75}-\frac{1}{3}\times21^2\times14=5145$ 爲實，

$14\times21+\frac{1}{3}\times21^2=441$ 爲方，

$14+21=35$ 爲廉，

$a^3+35a^2+441a=5145$。

從開立方得上方邊及上底徑各爲七尺，下方邊及下底徑各爲 $7+21=28$(尺)，深各爲 $7+14=21$(尺)。

第十四問

假令有粟二萬六千三百四十二石四斗,欲作方窖六、圓窖四,令口小底大,方面與圓徑等,其深亦同,令深少於下方七尺,多於上方一丈四尺,盛各滿中而粟適盡(圓率、斛法並與前同)。問上、下方、深數各多少。

答曰:

方窖上方七尺,

下方二丈八尺,

深二丈一尺。

圓窖上、下方與方窖同。①

術曰:以四十二乘斛法,以乘粟,三百八十四而一,爲方亭積尺$\left(\frac{42}{384}V\right)$。令方差自乘,三而一爲隅陽冪$\left[\frac{1}{3}(b-a)^2\right]$。以截多乘之,以減積餘爲實$\left[\frac{42}{384}V-\frac{1}{3}(b-a)^2(h-a)\right]$。以多乘差加冪爲方法$\left[(h-a)(b-a)+\frac{1}{3}(b-a)^2\right]$,又以多加差爲廉法$[(h-a)+(b-a)]$。

$$a^3+[(b-a)+(h-a)]a^2+(b-a)\left[\frac{1}{3}(b-a)+(h-a)\right]a$$

$$=\frac{42V}{384}-\frac{1}{3}(b-a)^2(h-a)$$

從開立方除之,即上方。加差,即合所問。

---

① 劉衡校語謂上、下方之方當作徑。

操南案：此題與前題立術之理相同，惟改“方窖、圓窖各一”爲“方窖六、圓窖四”，稍有不同耳。故方圓之係數原爲

$\frac{14}{42}+\frac{11}{42}=\frac{25}{42}$，今移爲

$6\times\frac{14}{42}+4\times\frac{11}{42}=\frac{128}{42}$，

以$\frac{128}{42}\times3=\frac{384}{42}$，以$\frac{42}{384}$齊之，故四十二乘斛法，乘粟數，三百八十四而一也。

自注：今以四十二乘圓虚十一者四，方虚十四者六，合一百二十八虚除之，爲一虚之積，得者仍三而一爲方亭實積。乃依方亭見差覆問求之，故三乘一百二十八除之。

操南案：李潢注云：四十二乘一方倉，一圓窖之共積，得方虚十四，圓虚十一。今四十二乘六方倉，則以十四乘六得方虚八十四，以十一乘四得圓虚四十四，并之得一百二十八。以一百二十八除四十二所乘之積尺得一方虚。又三除之得一方亭積。故用并除法，以三乘一百二十八，得三百八十四爲法，即徑得一方亭積也。餘悉與前同。李説甚明。兹循術而以數推之。

$\frac{42\times2.5\times26342.4}{384}=7203$，

$\frac{21^2\times14}{3}=2058$，

$7203-2058=5145$ 爲實，

$21\times14+\frac{1}{3}\times21^2=441$ 爲方法，

$14+21=35$ 爲廉法，

$$a^3+35a^2+441a=5145。$$

從開立方除之，得上方 7 尺，7＋14＝21 得深 21 尺，7＋21＝28(尺)，下方 28 尺。圓窖上、下徑與方窖同。

第十五問

假令有句股相乘，幂七百六五十分之一，弦多於句三十六十分之九，問三事各多少？

答曰：

句十四二十分之七，

股四十九五分之一，

弦五十一四分之一。

術曰：幂自乘(a^2b^2)，倍多數而一，爲實$\left[\dfrac{a^2b^2}{2(c-a)}\right]$。半多數爲廉法$\left[\dfrac{1}{2}(c-a)\right]$。從開立方除之，即句($a$)。以弦多數加之，即弦。以句除幂，即股。

操南案：設正方形 $ABCD$ 中，$AB=c$ 爲弦，$AE=AG=a$ 爲句，$\square AC=c^2$ 爲弦幂，$\square AF=a^2$ 爲句幂，則磬折形 $BCDGFE=b^2$ 爲股幂。今移$\sqsubset\!\sqsupset GH$ 爲$\sqsubset\!\sqsupset EK$，則$\sqsubset\!\sqsupset JC=b^2$ 爲股幂。此長方形以 $AB-AE=EB$ 即 $c-a$，即句弦較爲高，$HF+FE+EJ=c-a+a+a=2a+(c-a)$，即倍句并句弦較爲廣。

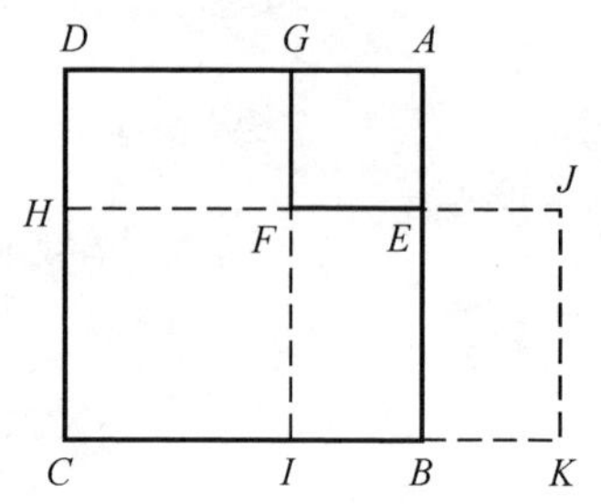

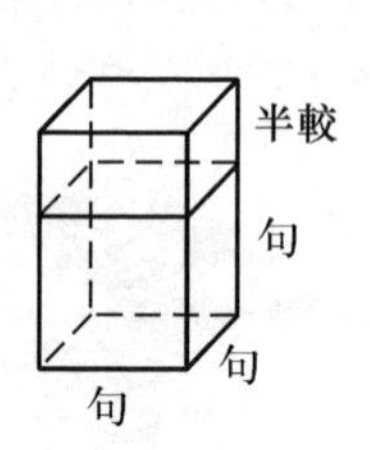

今以句弦較除股冪,其餘即爲倍句并句弦較。

$$\frac{b^2}{c-a}=2a+(c-a)。$$

即▭JC長方形,如EB而一,得HJ長綫也。折半得

$$\frac{b^2}{2(c-a)}=a+\frac{1}{2}(c-a)。$$

HJ長綫之半,即$FE+\frac{1}{2}HF$,亦即$a+\frac{1}{2}(c-a)$,句與半句弦較也。兩邊各以句冪乘之,句冪乘股冪如倍句弦較而一,得以句爲方,而以句與半句弦較爲高之長立方一。

$$\frac{a^2b^2}{2(c-a)}=a^2\left[a+\frac{1}{2}(c-a)\right]。$$

此長立方中,以句方爲底,以句爲高,即句立方一,以句方爲底以半句弦較爲高之廉一。

$$a^3+\frac{1}{2}(c-a)a^2=\frac{a^2b^2}{2(c-a)}。$$

故以冪自乘,倍多數而一,爲實;半多數爲廉法;從開立方除之,即句也。

自注:句股相乘冪自乘$(ab)^2$即句冪乘股冪之積$(a^2\times b^2)$,故以倍句弦差而一$\left(\frac{a^2b^2}{2(c-a)}\right)$,得一句與半差再乘$\left\{a^2\left[a+\frac{1}{2}(c-a)\right]\right\}$,得句冪爲方,故半差爲廉$\left[a^3+\frac{1}{2}(c-a)a^2\right]$,從開立方除之。

操南案:代入算數推演之

$$\frac{706.02^2}{73.8}=6754.258\text{ 爲實},$$

$$\frac{36.9}{2}=18.45\text{ 爲廉，}$$

於是得方程式

$$a^3+18.45a^2=6754.258\text{。}$$

從開立方得 $14\frac{7}{20}$ 爲句，加弦多於句，得 $51\frac{1}{4}$ 爲弦，以句除冪得 $49\frac{1}{5}$ 爲股也。

第十六問

假令有句股相乘冪四千三十六五分之一，股少於弦六五分之一，問弦多少？

答曰：弦一百一十四十分之七。

術曰：冪自乘$(ab)^2$倍少數而一爲實$\left[\frac{(ab)^2}{2(c-b)}\right]$。半少爲廉法$\left[\frac{1}{2}(c-b)\right]$。從開立方除之$\left[b^3+\frac{1}{2}(c-b)b^2=\frac{a^2b^2}{2(c-b)}\right]$，即股。加差即弦。

操南案：此題立術與前同。股少於弦，即弦多於股也。兹依術而演之以數。

$$\frac{4036.2^2}{2\times 6.2}=1313783.1\text{ 爲實，}$$

$$\frac{6.2}{2}=3.1\text{ 爲廉，}$$

於是得方程式

$$b^3+3.1b^2=1313783.1。$$

從開立方得股 108.5，108.5+6.2=114.7 爲弦，$\frac{4036.2}{108.5}=37.2$，爲句也。

第十七問

假令有句弦相乘冪一千三百三十七二十分之一，弦多於股一十分之一，問股多少？

答曰：九十二五分之二。

術曰：冪自乘，倍多而一爲立冪$\left[\dfrac{(ac)^2}{2(c-b)}\right]$，又多再自乘半之$\left[\dfrac{1}{2}(c-b)^3\right]$，減立冪，餘爲實$\left[\dfrac{(ac)^2}{2(c-b)}-\dfrac{(c-b)^3}{2}\right]$。又多數自乘，倍之爲方法$[2(c-b)^2]$。又置多數五之，二而一爲廉法$\left[\dfrac{5}{2}(c-b)\right]$。

$$b^3+\frac{5}{2}(c-b)b^2+2(c-b)^2b=\frac{(ac)^2}{2(c-b)}-\frac{(c-b)^3}{2}。$$

從開立方除之，即股。

操南案：如圖，設正方形 $ABCD$ 中，$AB=c$ 爲弦，$AE=AG=b$ 爲股，$\square AF=b^2$ 爲股冪，則磬折形 $BCDGFE=a^2$ 爲句冪，延 BC 至 K，使 $KC=AE$。今移▭GI 爲▭IK，則▭$EK=a^2$。今知 ac 及 $c-b$，求 b。

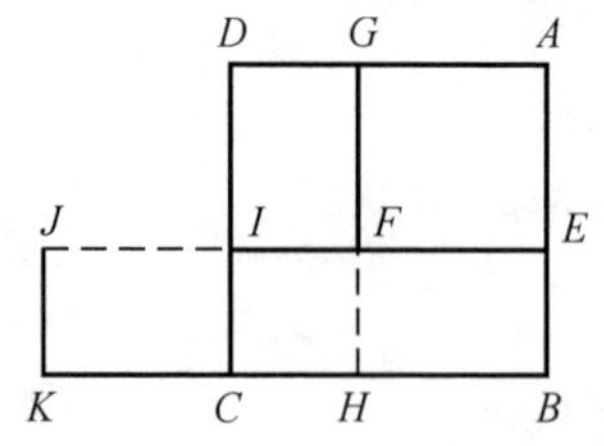

句冪之積▭$EK=a^2=(c-b)(c+b)$，弦長 $BC=c=b+(c-b)$，即

$$\frac{a^2}{c-b}=2b+(c-b),$$

折半得

$$\frac{a^2}{2(c-b)}=b+\frac{1}{2}(c-b)。$$

冪自之，倍多而一，即句冪乘弦冪之積，倍股弦差除之，得半股弦和乘弦冪之積。以差分弦爲一差一股之二數，自之，得四冪。

$$\begin{aligned}\frac{a^2c^2}{2(c-b)}&=\frac{(ac)^2}{2(c-b)}\\&=\left[b+\frac{1}{2}(c-b)\right][b+(c-b)]^2\\&=\left[b+\frac{1}{2}(c-b)\right][b^2+2(c-b)b+(c-b)^2]\end{aligned}$$

又以一股一半差乘一股一差自乘之四冪，即

$$\frac{a^2c^2}{2(c-b)}=b^3+\frac{1}{2}(c-b)b^2+2(c-b)b^2+(c-b)^2b+$$

$$(c-b)^2b+\frac{1}{2}(c-b)^3。$$

得股乘股自乘爲立方 b^3，即隅法。股乘倍差自乘，爲從二方廉 $2(c-b)b^2$，以多爲厚；又半差乘股自乘，爲横虚一方廉 $\frac{1}{2}(c-b)b^2$，以半多爲厚，合之爲二多并半多，爲五半多 $\frac{5}{2}(c-b)b^2$，即爲廉法。又半多乘倍多乘股，爲一多自乘 $(c-b)^2b$；又多自乘乘股，合之爲倍多自乘 $2(c-b)^2b$，爲方法。又半差乘差自乘，爲多再自乘之半 $\frac{1}{2}(c-b)^3$，此積不與股乘，故減去不用，減立冪餘爲實也。

$$b^3+\frac{5}{2}(c-b)b^2+2(c-b)^2b=\frac{(ac)^2}{2(c-b)}-\frac{1}{2}(c-b)^3。$$

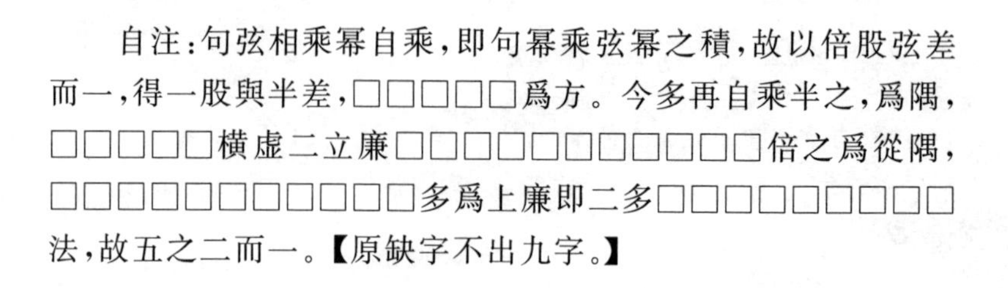

自注：句弦相乘冪自乘，即句冪乘弦冪之積，故以倍股弦差而一，得一股與半差，□□□□□爲方。今多再自乘半之，爲隅，□□□□□横虚二立廉□□□□□□□□□□□□倍之爲從隅，□□□□□□□□□□□□多爲上廉即二多□□□□□□□□□□法，故五之二而一。【原缺字不出九字。】

操南案：此注及以後題文、術、注皆有爛脱，惟循知不足齋叢書倣汲古閣影宋鈔本行格求之，頁九行，行正文十八字，注術文夾行或大字十六字，可知其所缺字數，依算理追之，其意亦可知。兹參考李潢考注，意補於後。

自注：句弦相乘冪自乘，即句冪乘弦冪之積，故以倍股弦差而一，得一股與半差，再[①]乘得股冪爲方。今多再自乘半之，爲隅，減立冪爲實。横虚二立廉，從一立廉皆多自乘爲冪，故倍之爲從隅，方從二方廉横虚一方廉半多爲上廉，即二多并半多皆得股冪爲廉法，故五之二而一。

操南案：依題問入算

$$\frac{1337.05^2}{2\times1.1}-\frac{1}{2}\times1.1^3=812591.472\ 爲實，$$

$$2\times1.1^2=2.42\ 爲方法，$$

$$\frac{5}{2}\times1.1=2.75\ 爲廉法，$$

① 爛脱字意補以字下加點標之。下同。

於是得方程式

$$b^3+2.75b^2+2.42b=812591.472。$$

從開立方除之，得九十二又五分之二爲股。

第十八問

假令有股弦相乘冪四千七百三十九五分之三，句少於弦五十四五分之二，問股多少。

答曰：六十八。

操南案：此題術及以後二題術注文皆有爛脱。微波榭本、四庫本、知不足齋乾隆時刻本、函海本皆如是。各本實皆祖毛扆汲古閣影宋鈔本，而鈔本後三半頁下截乾隆時已有爛脱矣。陽城張氏曾以術算補，用陰文爲别。李潢考注據以入注，兹録其補以字下加點爲識。

術曰：冪自乘倍少數而一，爲立冪$\left[\dfrac{(bc)^2}{2(c-a)}\right]$，又少數再自乘，半之$\left[\dfrac{(c-a)^3}{2}\right]$，以減立冪，餘爲實$\left[\dfrac{(bc)^2}{2(c-a)}-\dfrac{(c-a)^3}{2}\right]$。又少數自乘，倍之爲方法$[2(c-a)^2a]$。又置少數，五之，二而一，爲廉法$\left[\dfrac{5}{2}(c-a)a^2\right]$。從開立方除之即句。

$$a^3+\frac{5}{2}(c-a)a^2+2(c-a)^2a=\frac{(bc)^2}{2(c-a)}-\frac{(c-a)^3}{2}。$$

加差即弦，弦除冪即股。

操南案：此題立術之理與前題同。兹復述李氏注文於次。

冪自之，即股冪乘弦冪之積$[(bc)^2=b^2c^2]$，倍句弦差除之，得半句弦和$\left[\dfrac{1}{2}(c+a)\right]$乘弦冪之積$\left[\dfrac{(bc)^2}{2(c-a)}=\dfrac{1}{2}(c+a)c^2\right]$。

以差分弦爲差與句之二數$[c=a+(c-a)]$，自之，得四冪，爲句自乘一，差自乘一，差乘句二$\{[a+(c-a)]^2=a^2+2(c-a)a+(c-a)^2\}$。又分半和爲半差與句之二數乘之$\left[\frac{1}{2}(c+a)=a+\frac{1}{2}(c-a)\right]$。

$$\frac{(bc)^2}{2(c-b)}=\left[a+\frac{1}{2}(c-a)\right][a^2+(c-a)^2+2(c-a)a]$$
$$=a^3+\frac{1}{2}(c-a)a^2$$
$$+2(c-a)a^2+(c-a)^2a$$
$$+(c-a)^2a+\frac{1}{2}(c-a)^3,$$

於是得：

$$a^3+\frac{5}{2}(c-a)a^2+2(c-a)^2a$$
$$=\frac{(bc)^2}{2(c-a)}-\frac{1}{2}(c-a)^3。$$

則句乘句自乘爲立方，即隅$(a\cdot a^2=a^3)$，乘差自乘爲方$[a(c-a)^2=(c-a)^2a]$，乘差乘句二爲廉$[a\cdot 2(c-a)a=2(c-a)a^2]$。又半差乘句自乘亦爲廉$\left[\frac{1}{2}(c-a)a^2\right]$，乘差乘句二亦爲方$\left[\frac{1}{2}(c-a)\cdot 2(c-a)a=(c-a)^2a\right]$，其乘差自乘者$\left[\frac{1}{2}(c-a)(c-a)^2=\frac{1}{2}(c-a)^3\right]$，減去不用$\left[\frac{(ac)^2}{2(c-a)}-\frac{1}{2}(c-a)^3\right]$，以其不與句乘也。即術文所云，少再自乘半之減立冪也。句乘差自乘爲方$[(c-a)^2a]$，半差乘差乘句二亦爲方者$\left[\frac{1}{2}(c-a)\cdot(c-a)2a\right.$

$=(c-a)^2a\Big]$,差乘句即倍差乘句$[(c-a)2a=2(c-a)a]$,以半差乘倍差與差自乘等$\left[\frac{1}{2}(c-a)\cdot 2(c-a)=(c-a)^2\right]$,故術云:少數自乘倍之爲方法也。$[(c-a)^2a+(c-a)^2a=2(c-a)^2a]$。句乘差乘句二爲廉$[a\cdot(c-a)2a=2(c-a)a^2]$,半差乘股自乘亦爲廉者$\left[\frac{1}{2}(c-a)a^2\right]$,倍差即四半差$\left[4\times\frac{1}{2}(c-a)\right]$,以并一半差爲五半差$\left[\frac{5}{2}(c-a)\right]$,故術云:置少數五之二而一爲廉法也$\left[\frac{5}{2}(c-a)a^2\right]$。

循術而以數演之:

$$\frac{\left(4739\,\frac{3}{5}\right)^2}{2\times\left(54\,\frac{2}{5}\right)}-\frac{1}{2}\times\left(54\,\frac{2}{5}\right)^3$$

$$=\frac{22463808.16}{108.8}-\frac{160989.184}{2}$$

$$=\frac{22463808.16}{108.8}-80494.592,$$

$$2\times\left(54\,\frac{2}{5}\right)^2=2\times2959.36=5918.72,$$

$$\frac{5}{2}\times\left(54\,\frac{2}{5}\right)=136。$$

以 108.8 乘各項得 $80494.592\times108.8=8757811.6096$,
$22463808.16-8757811.6096=13705996.5504$ 爲實,
$5918.72\times108.8=643956.736$ 爲方法,

$136\times108.8=14796.8$ 爲廉法，

108.8 爲隅，

於是得方程式

$$108.8a^3+14796.8a^2+643956.736a=13705996.5504。$$

從開立方得 15.3 爲句，$15.3+54.4=69.7$ 爲弦，$\frac{4739.6}{69.7}=68$ 爲股。

第十九問

假令有股弦相乘冪七百二十六，句七十分之七，問股多少。

答曰：股二十六五分之二。

操南案：陽城張氏謂知不足齋本有此“股二十”三字，微波榭本無。鮑氏與孔氏皆據祖毛氏汲古閣影宋鈔本，不知鮑氏何所據而云然。

術曰：冪自乘爲實，句自乘爲方法，從開方除之，所得又開方即股。

操南案：原著脱爛不可讀，李潢曾别擬之。今以術理行格校之甚合。李潢説極精當，兹録於次。

股弦相乘冪自乘，即股冪乘弦冪之數，亦是股冪乘句冪股冪並之積，以弦冪爲長，以股冪爲方，故句自乘爲方法，開方得股冪，又開方得股，此分母[1]常法。

操南案：冪自之$(bc)^2$即股冪乘弦冪之積(b^2c^2)，而弦冪(c^2)爲句冪股冪相并之數(a^2+b^2)，以股冪乘股冪，即股冪之冪$(b^2)^2$，句冪乘股冪(a^2b^2)，句冪爲已知數，爲股冪之廉，故作從平方開之。

$$(bc)^2=b^2c^2=b^2(a^2+b^2)=(b^2)^2+a^2b^2$$

---

① 李校：“此分母常法，原本此訛爲北。”

$$(b^2)^2+a^2b^2=(bc)^2$$

得股冪(b^2),又開方得股(b)。注所言分母,猶今言指數也。循術而以數演之。

$$(726)^2=527076,$$

$$(7.7)^2=59.29,$$

於是得方程式

$$b^4+59.29b^2=527076。$$

開平方得 696.96 爲股冪,又開得 $26.4=26\frac{2}{5}$ 爲股也。

第二十問

假令有股十六二分之一,句弦相乘冪一百六十四二十五分之十四,問句多少。

答曰:句八五分之四。

術曰:冪自乘$(ac)^2$爲實,股自乘(b^2)爲方法,從開方除之,所得又開方即句。

操南案:此題立術之理與前題同。循術而以數演之。

$$b=16.5,$$

$$b^2=272.25,$$

$$(ac)^2=\left(164\frac{14}{25}\right)^2=(164.56)^2=27079.9936,$$

求 a 的值。

$$a^2(a^2+b^2)=a^2c^2=(ac)^2,$$

$$a^4+b^2a^2=(ac)^2,$$

$$a^4+272.25a^2=27079.9936。$$

開從平方得 $a^2=77.44$,又開方得 $a=8.8$,即 $8\frac{4}{5}$爲句。

附言

《緝古算經》爛脱頁及張、李二氏之補，内朱筆爲張補，墨筆爲李補，惟李補中“減立冪爲實”一語，原爲“減立冪餘爲實”，去“餘”字。“皆得股冪爲廉”，“廉”原作“方”，今改爲“廉”。“廉”以下皆爛脱也。

編者説明：本篇（書）今存二本。一爲手稿本，藍墨鋼筆竪行格紙，題曰“緝古算經箋”（“箋”旁書，正書原爲“圖草”二字，紅筆抹去），下署“唐通直郎太史丞臣王孝通撰並注 後學劉操南述”；另一爲複寫（複印），題曰“緝古算經”，下署“唐通直郎太史丞臣王孝通撰並注 後學劉操南新釋”，二稿内容略同，其顯異者：抄本各題稱“問”（第一問、第二問……），複寫本各題稱“題”（第一題、第二題……）；手稿本用“操南案”，複寫本用“新釋曰”。又有《〈緝古算經〉新釋》短文一篇，審其文字，似爲手稿本而作，現併作《自序》，書名擬爲“箋釋”。複寫本小字注原在文中括弧内，現置頁下；本篇文字有《緝古算經》原文、王氏注文、劉操南先生述文及案語，爲便識别，原文用楷體，注文及述文用宋體，案語用仿宋體，並用《叢書集成初編》本（知不足齋本）核對之。本篇由汪曉勤学生據手稿本録校，继由汪曉勤核編（注称“汪注”），後由陳飛审订統理（注称“陳注”）。

劉操南先生另有《〈緝古算經〉叙録》载入全集第十五册《古籍與科學》中。

古算譯釋
（論文一組）

目　録

劉徽《〈九章算術〉注·序》譯釋

古時候包犧氏最先畫出八卦,用來表達神明的德行,也用來模擬事物的情狀。他又創立九九,用來附會六爻的各種變化。後來黄帝又作進一步發展和引伸,借此造曆法、調音律,並用來探索天地間萬物的本原;然後可以仿效兩儀、四象等,研究宇宙最根本的問題。

……《周官》規定大司徒[①]職責之一是:在夏至那一天中午立八尺高標杆,定出日影長是一尺五寸的地方,稱爲地中。據説這時太陽在南方一萬五千里處,這一論斷是可以設法推算出來的。《九章算術》有立四根標杆[②]求遠處距離,又有立杆標求山高度[③]的測量方法,在其近旁都有標杆可以望見,卻没有方法能測算如此遥遠的距離,可見張蒼所編的書還不足以處理一切數學問題。

我想九數中有"重差"這一項目,他的本意就是爲瞭解決這類問題。凡是要測遠方目標的高、深以及距離,必須得用重差,要用二次直角三角形以及相當邊的差數,因此叫做重差。在洛

---

① 周代管理土地及户口的官吏。

② 見第九章第廿二題。

③ 見第九章第廿三題。

陽城南北方向平地上立兩根標杆,使其間間隔盡可能遠離。標杆各高八尺,在同一天中午各自測出日影長度,把這二標杆影長的差數作爲除數,標杆高乘杆間距離作爲被除數,做除法運算,所得到的商加上標杆高度,結果就是所求的太陽離平地高度。

《周髀算經》日高圖如下:

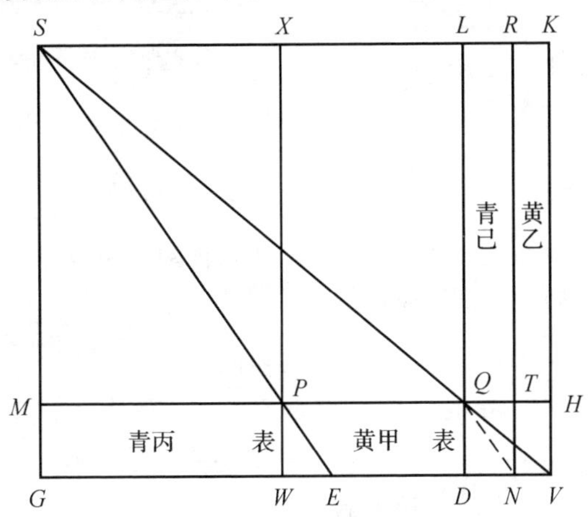

PW、QD 爲二表,$WD=PQ=XL$ 爲二者相距,WE、DV 爲日中時相應影長,而 $WE=DN$。趙爽注説:

▭青丙+▭黄甲=▭青己+▭黄乙,

▭青丙=▭青己,

於是

▭黄甲=▭黄乙。

這就是説

$$\text{▭}PWDQ=\text{▭}RTHK,$$

$$PW\times WD=RT\times(DV-WE),$$

因此

$$SG=PW\times WD/(DV-WE)+PW,$$

$$SG=\frac{PW\times WD}{DV-WE}+PW。$$

如果把南面標杆影長乘杆間距離作爲被除數，還是把二標杆影長的差數作爲除數，做除法運算，結果就是太陽到南面標杆的水平距離。

因

$$\square 青丙=\square 青己=\square LQTR,$$

故

$$GW=\frac{DN\times RT}{PW}=\frac{WE\times WD}{DV-WE}。$$

太陽離平地高度以及從太陽到南面標杆水平距離分别作爲句（直角三角形短直角邊）、股（直角三角形長直角邊）求弦（直角三角形斜邊），所得結果就是太陽到測量者的距離。

用直徑是一寸的竹筒向南觀測太陽，使太陽剛好蓋滿竹筒空間，把竹筒長取作股率，直徑取作句率；太陽到人的距離爲大股，那麽它的句就是太陽的直徑。

《周髀算經》有一題與劉徽所介紹的相同。

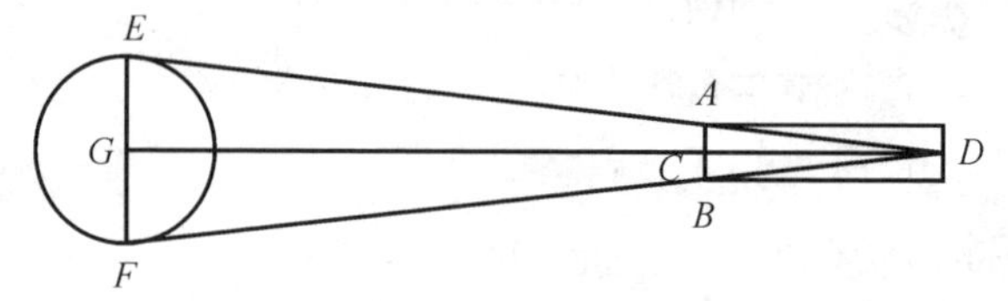

如圖，根據相似三角形性質可得：EF（日徑）$=\frac{GD\times AB}{CD}$。

竹筒長 80 寸，口徑 1 寸，爲已給，又假定太陽離地 100000 里，則太陽直徑是：

$$EF=\frac{GD\times AB}{CD}=\frac{1\times 100000}{80}（里）。$$

這樣説來，既然天象也可以測量，那麽求泰山的高度、江海的寬度就更不用説了。我認爲當前歷史典籍對天象、地貌已有少數定量記録,説明學術上的精湛成就,我因此也寫了《重差》(指《海島算經》),並爲它作了注解,用來闡述古人立術本意,把它附在句股章後面(見《海島算經》第1、2、3、6題)。凡是測高,用前後兩根標杆;測深用上、下兩次矩(見《海島算經》第4、5、7、9題);如果對測量目標上要加測點,就要觀測三次(見《海島算經》第2、5、6、8題);如果所加測點還不在同一平面内,就要觀測四次(見《海島算經》第7、9題)。這樣觸類旁通,引伸發展,問題雖然隱晦、曲折、變異,都是可以迎刃而解的。祈請博學多才的讀者們詳細地閱讀本書吧!

附

劉徽九章算術注序

［魏］刘　徽

昔在包犧氏始畫八卦,以通神明之德,以類萬物之情,作九九之術,以合六爻之變。暨於黄帝神而化之,引而伸之,於是建曆紀,協律吕,用稽道原,然後兩儀四象精微之氣可得而效焉。記稱隸首作數,其詳未之聞也。按周公制禮而有九數,九數之流,則《九章》是矣。

往者暴秦焚書,經術散壞。自時厥後,漢北平侯張蒼、大司農中丞耿壽昌皆以善算命世。蒼等因舊文之遺殘,各稱删補。故校其目則與古或異,而所論者多近語也。

徽幼習《九章》,長再詳覽。觀陰陽之割裂,總算術之根源,探賾之暇,遂悟其意。是以敢竭頑魯,采其所見,爲之作注。事類相推,各有攸歸,故枝條雖分而同本榦者,知發其一端而已。

又所析理以辭，解體用圖，庶亦約而能周，通而不黷，覽之者思過半矣。且算在六藝，古者以賓興賢能，教習國子。雖曰九數，其能窮纖入微，探測無方。至於以法相傳，亦猶規矩度量可得而共，非特難爲也。當今好之者寡，故世雖多通才達學，而未必能綜於此耳。

《周官·大司徒》職，夏至日中立八尺之表，其景尺有五寸，謂之地中。説云，南戴日下五万里。夫云南戴日下萬五千里。夫云爾者，以術推之。按《九章》立四表望遠及因木望山之術，皆端旁互見，無有超邈若斯之類。然則蒼等爲術猶未足以博盡群數也。徽尋九數有重差之名，原其指趣乃所以施於此也。凡望極高、測絶深而兼知其遠者必用重差、句股，則必以重差爲率，故曰重差也。立兩表於洛陽之城，令高八尺。南北各盡平地，同日度其正中之時，以景差爲法，表高乘表間爲實，實如法而一。所得加表高，即日去地也。以南表之景乘表間爲實，實如法而一，即爲從南表至南戴日下也。以南戴日下及日去地爲句、股，爲之求弦，即日去人也。以徑寸之筩南望日，日滿筩空，則定筩之長短以爲股率，以筩徑爲句率，日去人之數爲大股，大股之句即日徑也。雖夫圓穹之象猶曰可度，又況泰山之高與江海之廣哉。徽以爲今之史籍且略舉天地之物，考論厥數，載之於志，以闡世術之美。輒造重差，并爲注解，以究古人之意，綴於句股之下。度高者重表，測深者累矩，孤離者三望，離而又旁求者四望。觸類而長之，則雖幽遐詭伏，靡所不入。博物君子，詳而覽焉。

編者説明：本文據手稿録編，有闕略。原題“劉徽九章算術注原序”，主要是對劉徽序中測量方法作出解釋。今題爲編者（陳飛）酌擬，並用郭書春、劉鈍校點《算經十書》（遼寧教育出版社 1998 年版）核對原文，又補附劉徽《〈九章算術〉注·序》。

《海島算經》源流考

《海島算經》九題，晉劉徽撰。劉徽《九章算術》序云："輒造重差，并爲注解，以究古人之意，綴於句股之下。"《隋書·經籍志》稱："《九章算術》十卷，劉徽撰。"蓋以《九章》九卷合"重差"一卷而十也。又稱有"《九章重差圖》一卷，劉徽撰"，則圖本單行，故别著於録。新、舊《唐書》並記"《九章重差》一卷，劉向撰；《九章重差圖》一卷，劉徽撰"。劉向蓋劉徽之訛也。至唐代有李淳風注本，稱《海島算經》，立於學官，爲算經十書之一。徽本以《周禮》九數中"重差"命名，不名"海島"，後人因卷首以望海島立表設問，遂改名之。重差圖，至《宋史·藝文志》即不復著録，則其佚已久。清初原無傳本，惟散見於《永樂大典》中。乾隆乙未(1775)，戴震裒而輯之，得九題，仍爲一卷，僅存李淳風釋，而徽注已亡矣。震嘗爲《九章算術》撰訂訛補圖，而於《海島》，則祇於李淳風釋下，略加按語，校正其誤，其他則付闕如，微波榭本《海島算經》卷後，有"正僞"兩條，俱涉第一題術李淳風注釋，了無深意。鍾祥李潢撰《〈海島算經〉細草圖説》，補入八圖，亦不免有牽强之處，書未寫定，即歿(1811?)，遺囑其弟子吴門沈欽裴[①]續成之，然後付梓(1820)，戴敦源爲李潢著撰序云："其自撰重差圖云：'圖九：望海島舊有圖解，餘八圖，今所補也。'"則海島圖説，

① 原文誤爲"沈裴欽"。——汪注

潢固嘗自作也。《疇人傳》卷四十二龔淪(1739—1799)傳言:“讀《海島算經》,謂清淵白石術,其又術於率不通,《海島》九問,惟此有‘又術’,當是後人竄入,非劉徽本文,李淳風依數推衍,蓋未嘗深思其故也。”(按此爲《海島算經》第七題,其第一術,尚可化簡,非云式也。第二術之式,爲特殊之式,非通式也。李氏依數推衍,實未嘗深思其故也。又第三題術,“以入索乘後去表,以兩表相去除之,所得爲景差。”不知此“景差”二字,當作何解。第六、第八、第九三題,皆用後去表乘入索爲實,表間爲法,實如法而一入算,而無景差之稱,疑第三題術“爲景差”三字爲衍文也。)糾繆發覆,在《海島算經細草圖説》之前,是可尚已。諸可寶《疇人傳三編》卷二言:德清徐養源(1758—1825)著有《九章重差補圖》,但世無傳本,《周禮》鄭注九數引鄭司農解詁有重差之目,至劉徽始勒而成書,《周髀算經》有“偃矩以望高,覆矩以測深,卧矩以知遠”之説,後周甄鸞注曰:“定高遠者立兩表,望懸邈者施累矩。”是爲古重差術之遺言,然《周髀算經》著作之時代,尚成問題,其言未易斷定屬於何時。梁劉昭注補《續漢志》第十天文志上,引張衡《靈憲》曰:“用重勾股。”一本作“用重差勾股”。是重差之術,魏前已具矣。《海島》,《數述記遺》:“唐選舉志稱:算學生,《九章》《海島》共限習三年,試《九章》三條,《海島》一條。”則此書於唐代甚見重也。徽書以後,重差術成立,算經中承衍是術者,《張丘建算經》有“今有木不知遠近”及“今有城不知大小”二題,梁祖暅之造圭表,測景驗氣,求日高地中,亦應用重差術,而宋秦九韶《數書九章》,尤冀重之,其《數書九章》序曰:“莫高匪山,莫濬匪川。神禹奠之,積矩攸傳,智創巧述,重差夕桀,求之既詳,揆之罔越,崇深廣遠,度則靡容,形格勢禁,寇壘仇墉,欲知其數,先望以表,因差施術,坐悉微渺,述測望第四。”其第七卷測望類,“望山高遠”“臨臺測水”“陡岸測水”“表望方城”“望敵圓營”

"望敵遠近""表望浮圖"七題,皆用表測望,而"望山高遠"一題,其理悉同於《海島》之第一題也。

劉徽之書,今存九題,宋楊輝云:"劉徽以旁要之術,變重差減積,爲海島九問。"(見《算法通變本末》①)則書今尚完整也。此書往昔國外亦珍視之。清羅茗香,得朝鮮重刊本《算學啓蒙》三卷,首有金始振序(朝鮮通政大夫守全南道觀察使,序於順治十七年(1660),後附望海島術一題,朝鮮以之爲算科試士,可見其重視,惟題曰出《楊輝算法》,蓋《楊輝算法》卷末所載海島題解,原本諸劉徽《海島算經》,彼中未見劉著,所不知出,遂以爲楊輝作,並以之添入,附《啓蒙》卷尾,因有是誤耳。

《海島算經》九題,今傳本次序未知曾否錯亂,亦深可思者。吾師錢琢如夫子曰:"《海島算經》九題,其第一題重表測高,第三題連索致遠,第四題累矩測深,雖皆經兩次測望以推高遠,而句股之用法各異。算術不相因襲,允爲重差本術,孤離三望之題四則,皆於用重差本術之後,又轉而求他距者,故應置第二題於第一題後。第六、第八題於第三題後,第五題於第四題之後,用資識别,第九題爲離而又旁求者,四望之題,次於第六題之後,若第七題,雖亦四望,然衹是兩次,累矩非所謂離而又旁求者也。"蓋九題所用之算法,有獨立者,有相承用者,以是爲證,則傳本之題次,實有錯亂之可疑也。

楊輝曰:"海島題法隱奧。莫得其秘。李淳風雖注,衹云下法,亦不曾説其源。②"《海島算經》,劉徽有無自注,今不可考,劉徽《九章算術》自序曰:"輒造重差,并爲注解,以究古人之意,綴於句股之下。"劉徽嘗爲《九章》作注,重差之術,既非劉氏首創,

① 即《乘除通變本末》,上卷名"算法通變本末"。——汪注

② 見《算法通變本末》。

或亦有自注也。余嘗就古人之思,用今人之筆,作新解一卷,新解之作,固可證原術之精審,然推究劉徽造重差術之始末,是否已有相似三角形之認識(相當邊有比例,不限於句股形),算式變化是否已達純熟程度,分數式之表示方式又屬如何,則頗難稽考矣。

重差術古之應用幾何也,應用於測量,以度高望遠也。劉徽《九章算術》序論求日高術云:"立兩表於洛陽之城,令高八尺,南北各盡平地,同日度其正中之時,以'景差爲法,表高乘間爲實,實如法而一',所得加表高,即日去地也。"按此即《海島》第一題望海島術,所謂"景差"是日影相差,與第一題術文中之"相多"同意。推此術也,則穹窿之天可考,磅礴之地可度,籠絡覆載,厥功亦偉矣。雖然,海島之術,於今日視之,吾人不無憾焉。

就《海島》第一題論之,自前表卻行,人目着地,取望島峰,視距一百二里一百七十六步强,即人目與島峰取望無礙,然島峰之光,射至人目者極弱,人目不克見之(今日用望遠鏡望之,亦須藉陽光或燈光,以增强島峰所射之光,而後人始見之,蓋光之照度爲□也),一也。前表視距爲一百二里一百七十六步强,島距前表爲一百二里一百五十步,視綫因空氣折射而有誤差,島距因地爲球面而有誤差,二者須修正之,二也。表高三丈,島高七百五十三丈,島高爲表高之二百七十六倍半,普通望遠鏡爲二十倍至三十倍,佳者至六十倍,此測則大測之經緯儀將不能勝其任矣,三也。古人以斯術測望,不注意於實際情形,毫釐之忽,將無有千里之差乎?

此稿略參考李儼先生《重差術源流及其新注》,並多師述錢琢如師之意,用兹識别,以示感謝。

編者説明:本文據原刊《益世報》文史副刊第 21 期,1942 年 12 月 10 日録編,其中多处文字模糊難辨(空格爲不能确定者)。

《海島算經》讀記

“參相直”,猶望相直也。“參合”,亦猶望合。參,猶望也。王引之《經義述聞·通説上》引王念孫曰:“參,可訓爲直。故《墨子·經篇》曰‘直,參也。’……參天而發,適在五步之内,謂直天而發也。”參訓爲直。參,即三也。《左傳·隱公元年》曰:“先王之制,大都不過參國之一。”杜預注:“三分國城之一。”是參即三也。《海島算經》第一題之“參相直”,所謂:望相直,意即海島之高及兩表三者皆相垂直也。三者垂直,於是得以相似直角三角形比例之術御之。

“亦與表末參合”,錢校本“末”作“木”,當是中華書局排印時誤植。此條錢無校記,可知未嘗以“木”改“末”也。前言“與表末參合”,此言“亦與表末參合”;第二題與此兩語悉同。前言“表末”,後言“表末”,中間著一“亦”字,庶有着落,且人目、表末與島峰之高三點在一直綫上,成爲兩相似的直角三角形;若云表木,謂木之末,抑其中之某段乎,義不明確矣。木爲末的誤植,不必疑也。

白尚恕云“按術計算”,誠若宋楊輝於《算法通變本末》中説:“《海島》題法隱奥,莫得其秘。李淳風雖注,祇云下法,亦不曾説其源。”又於《續古摘奇算法》中説:“唐李淳風而續算草,未聞解白作法之旨。”蓋慎之也。劉徽於《九章算術注》原序中云“輒造重差，并爲注解”；今傳本僅存李淳風注，而劉氏之注與重差圖俱已佚矣。李潢、沈欽裴、顧觀光、李儼、錢寶琮諸家咸循相似三角形解釋，符合歐几里得《原本》之説，未必能闡發劉徽造術之原意也。楊輝又云“嘗置《海島》小圖於座右，乃見先賢作法之萬一”；楊氏所據之圖，未諗即劉氏重差圖之遺意歟？“楊氏以旁之術，變重差爲減積，爲《海島》九問。”可知以矩形面積之差解釋重差術；然則重差原術，尚待探討也。“窺望海島之圖”最早傳刻見於《古今圖書集成》中《曆象匯編・曆法典》第一百二十二卷《算法部彙考》十四之二十一。

第二題術語“表端”，猶第一題言“表末”也。

第一題重表測高，第二題“從前表卻行……薄地遥望松末，與表端參合”，“又望松本”，“復從後表卻行……，薄地遥望松末”爲三次測望。此問不知山高、松高而欲求之，松樹孤離無着，故須三次測望。劉徽《〈九章算術〉注》原序所謂：“孤離者三望。”設此問求山高與松高的和，則其術與第一題同，故此題應置於第一題後。

白尚恕云：“如錢寶琮説，求邑方術中‘爲景差’三字，應移至‘以前去減之不盡’之後。”未知所引錢説，出於何處？

編者説明：本文據手稿録編。時間不詳，由稿紙下端所標“杭州大學古籍研究所”推之，應爲1983年以後。

《數書九章·序》注譯

周教六藝[①]，數實成之。學士大夫，所從來尚矣。其用本太虛[②]生一，而周流無窮，大則可以通神明、順性命[③]；小則可以經[④]世務、類萬物，詎容以淺近窺哉？若昔推策以迎日，定律[⑤]而知氣[⑥]。髀矩浚川，土圭度晷。天地之大，囿[⑦]焉而不能外，況其間總總[⑧]者乎？

爰自《河圖》《洛書》[⑨]，闓發[⑩]祕奥，《八卦》[⑪]《九疇》[⑫]，錯綜精微[⑬]；極而至於《大衍》《皇極》[⑭]之用，而人事之變無不該，鬼神之情莫能隱矣。聖人神之，言而遺其麤[⑮]；常人昧之，由而莫之覺。要其歸，則數與道[⑯]非二本也。漢去古未遠，有張蒼[⑰]、許商[⑱]、乘馬延年[⑲]、耿壽昌[⑳]、鄭玄[㉑]、張衡[㉒]、劉洪[㉓]之倫，或明天道，而法傳於後；或計功策[㉔]，而效驗於時。後世學者自高，鄙不之講，此學殆絶，惟治曆疇人[㉕]，能爲乘除，而弗通於開方衍變。若官府會事[㉖]，則府史[㉗]一二繫之。算家位置，素所不識，上之人亦委而聽焉。持算者惟若人，則鄙之也宜矣。嗚呼！樂有制氏，僅記鏗鏘，而謂與天地同和者止於是，可乎？

今數術之書，尚三十餘家。天象曆度，謂之綴術；太乙、壬、甲，謂之三式[㉘]，皆曰内算，言其祕也。《九章》所載，即《周官》"九數"[㉙]，繫於方圓者爲專術[㉚]，皆曰"外算"，對内而言也。其用相通，不可岐二。獨《大衍》法[㉛]不載《九章》[㉜]，未有能推之者，曆家演法頗用之，以爲方程者誤也。且天下之事多矣，古之人先事而計，計定而行。仰觀俯察，人謀鬼謀，無所不用其謹，是以不愆於成，載籍章章可覆也。後世興事造始，鮮能考度，浸浸乎[33]天紀[34]人事之殺[35]缺矣。可不求其故哉？九韶愚陋，不閑[36]於藝。然早歲侍親中都[37]，因得訪習於太史[38]，又嘗從隱君子[39]受數學。際時狄患[40]，歷歲遥塞，不自意全於矢石間[41]。嘗險罹憂，荏苒[42]十禩[43]，心槁氣落[44]，信知夫物莫不有數也。乃肆意[45]其間，旁諏[46]方能[47]，探索杳渺[48]，麤若有得焉。所謂通神明，順性命，固膚末於見；若其小者，竊嘗設爲問答，以擬於用。積多而惜其棄，因取八十一題，釐爲九類，立術具草，間以圖發之。恐或可備博學多識君子之餘觀，曲藝可遂也。願進之於道，儻[49]曰藝成而下，是惟疇人府史流也，烏足盡天下之用，亦無瞢[50]焉。時淳祐七年[51]九月，魯郡秦九韶叙，且系之曰：

昆侖磅礴[52]，道本虛一。聖有大衍，微寓於易。奇餘取策，群數皆捐。衍而究之，探隱知原[53]。數術之傳，以實爲體。其書九章，惟茲弗紀。曆家雖用，用而不知。小試經世，姑推所爲。述《大衍》第一。

七精回穹[54]，人事之紀。追綴而求，宵星晝晷。歷久則疏，性智能革[55]。不尋天道，模襲何益。三農[56]務穡[57]，厥施自天。以滋以生，雨膏[58]雪零[59]。司牧[60]閔[61]焉，尺寸驗之。積以器移[62]，憂喜皆非。述天時第二。

魁隗[63]粒民[64]，甄度[65]四海。蒼姬[66]井之[67]，仁政攸在。代遠庶蕃，墾菑[68]日廣。步度庀賦[69]，版圖是掌。方圓異狀，袤[70]窳[71]殊形。專術精微，孰究厥真。差之毫氂，謬乃千里。公私共弊，蓋謹其籍。述田域第三。

莫高匪山，莫濬[72]匪川。神禹奠[73]之，積矩攸傳。智創巧述，重差[74]夕桀[75]。求之既詳，揆[76]之罔[77]越。崇深廣遠，度則靡[78]容。

形格勢禁，寇壘仇墉。欲知其數，先望以表。因差施術，坐悉微渺。述測望第四。

邦國之賦，以待百事。畡[79]田經入，取之有度。未免力役，先商厥功。以衰以率，勞逸乃同。漢猶近古，稅租以算[80]。調均錢穀，何菑[81]之扞[82]。惟仁隱民，猶己溺饑。賦役不均，寧得勿思。述賦役第五。

物等斂賦，式時[83]府庾[84]。粒粟寸絲，褐夫紅女[85]。商征邊糴，後世多端。吏緣爲欺，上下俱殫[86]。我聞理財，如智治水。澄源濬流，惟其深矣。彼昧弗察，慘急煩刑。去理益遠，吁嗟不仁。述錢穀第六。

斯城斯池，乃棟乃宇。宅生寄命，以保以聚。鴻功雉制，竹箇木章。匪究匪度，財蠹力傷。圍蔡而栽，如子西素[87]。匠計靈臺，俾漢文懼[88]。惟武圖功，惟儉昭德。有國有家，兹焉取則。述營建第七。

天生五材[89]，兵去未可。不教而戰，維上之過。堂堂之陣，鵝鸛[90]爲行。營應規矩，其將莫當。師中之吉，惟智仁勇。夜算軍書，先計攸重。我聞在昔，輕則寡謀。殄[91]民以幸，亦孔之憂。述軍旅第八。

日中而市，萬民所資。賈貿墆[92]鬻，利析錙銖[93]。蹛[94]財役貧，封君低首[95]。逐末兼併，非國之厚。述市易第九。

【注釋】

① 六藝，《周禮·地官·保氏》："乃教之六藝。一曰：五禮；二曰：六樂；三曰：五射；四曰：五馭；五曰：六書；六曰：九數。"周代的教育内容是六藝：禮、樂、射、御、書、數。前四者稱爲大藝，後兩者稱爲小藝。數有九數，是周代貴族子弟所學課程中的一門。

② 太虚，中國古代哲學與科學術語。太虚指氣，泛指自然界。

③ 性命,《易·乾·彖》:“乾道變化,各正性命。”《中庸》:“天命之謂性。”性是受之於天,命是天之所授。意謂:乾爲天的法則,時刻都在變化。在此變化中,生育萬物,各依其本質,賦予生命。性命是指自然界中的萬物受之於天的性與命。

④ 經,經營。《周禮·地官·小司徒》:“乃經土地,而井牧其田野。”經土地意謂經營土地。

⑤ 律,規律。

⑥ 氣,中國古代哲學與科學的術語,爲構成宇宙萬物的本源。《論衡·自然篇》:“天地合氣,萬物自生。”

⑦ 囿,範圍,局限。《莊子·徐無鬼》:“皆囿於物者也。”

⑧ 總總,衆多貌。《楚辭·九歌·大司命》:“紛總總兮九州。”

⑨ 河圖、洛書,《易·繫辭傳》:“河出圖,洛出書,聖人則之。”河圖、洛書自漢以還,各家理解不一。鄭玄以“天數五、地數五,五位相得而各有合”來解釋:天數五爲1、3、5、7、9五個奇數,地數五爲2、4、6、8、10五個偶數。五位指五行的方位:生數1、2、3、4、5各加5得6、7、8、9、10謂爲成數,以1、6配水,位於北方;2、7配火,位南;3、8配木,位東;4、9配金,位西;5、10配土,位於中央。以成天地生成之數:

	2,7	
3,8	5,10	4,9
	1,6	

《易緯·乾鑿度》:“太一取其數以行九宮,四正四維,皆合於十五。”鄭玄注:太帝位紫宮在中央,八卦神所居宮在八方,太一神按數號巡行九宮,九宮成爲三階幻方,這九宮數是:

4	9	2
3	5	7

8　1　6

宋儒以天地生成數圖、九宫數圖分别解釋爲河圖、洛書，但都不能説明兩者對伏羲畫八卦所起的作用。

⑩ 闓發，猶開發。

⑪ 八卦，《易·繫辭下》："古者包犧氏之王天下也，仰則觀象於天，俯則觀法於地。觀鳥獸之文與地之宜，近取諸身，遠取諸物，於是始作八卦，以通神明之德，以類萬物之情。"八卦的名稱及其象徵意義爲：

☰ 乾 天	☴ 巽 風	☱ 兑 澤	☵ 坎 水
☲ 離 火	☶ 艮 山	☳ 震 雷	☷ 坤 地

⑫ 九疇，《書·洪範》："天乃錫禹洪範九疇，彝倫攸叙。"傳説天帝賜給禹五行、八政，五紀等九種治理天下的大法，總稱九疇。

⑬ 錯綜，指交錯綜合；精微，指精湛。

⑭ 大衍，《大衍曆》。唐代天文學家僧一行作，自開元十六年(728)頒行，至上元二年(761)，共 34 年。皇極，《皇極曆》。隋仁壽四年(604)劉焯作，未頒行。

⑮ 麤，通粗。

⑯ 道，中國哲學與科學術語，指宇宙萬物的本源或規律。老子《道德經》："有物混成，先天地生，……可以爲天下母，吾不知其名，字之曰道。"

⑰ 張蒼，陽武人。《史記·張丞相傳》："好書律曆，秦時爲御史，主柱下方書。"漢興，以功封北平侯。删補《九章》，治顓頊術，著書十八篇，言陰陽律曆事。孝景五年(152)卒，百餘歲。《史記》有《張丞相傳》。

⑱ 許商，字長伯，長安人。《漢書·儒林傳》載許商："善爲

算,著《五行論曆》,四至九卿號其門人。"

⑲ 乘馬延年,《漢書・溝洫志》:"諫大夫乘馬延年雜作,……明計算,能商功利。"《漢書・張湯傳》:"將作大匠乘馬延年以勞苦秩中二千石。"

⑳ 耿壽昌(公元前一世紀),漢宣帝時人。《疇人傳》卷二:"宣帝時大司農中丞也,善爲算,能商功利,賜爵關内侯,删補《九章算術》。"

㉑ 鄭玄,字康成,北海高密人。通《三統曆》《九章算術》。《疇人傳》卷四:"劉洪作乾象曆,元受其法,以爲窮幽極微,加注釋焉。又著《天文七政論》。建安初徵爲大司農。以病乞還家。"宜稼堂叢書本《數書九章序》作鄭元,元以避清康熙皇帝玄燁諱而改。

㉒ 張衡(78—139),字平子,南陽西鄂人。東漢科學家、文學家。善機巧,安帝時徵拜郎中,遷爲太史令。制水力運轉的渾天儀和測地震的地動儀。第一次解釋月食的原因。著《靈憲》認識到"宇之表無極,宙之端無窮"。明確行星運動的快慢與距離地球遠近有關。

㉓ 劉洪,東漢末天文學家,著《乾象曆》,是我國考慮月球運動不均性的第一部曆法。

㉔ 功,通工,商功之功。功指工程,工程古言程功。《緝古算經》屢言程功。如第三題:"求人到程功運築積尺術曰。"功策謂程功策算。

㉕ 疇人,《史記・曆書》:"幽厲之後,周室微,陪臣執政,史不記時,君不告朔,故疇人子弟分散。"後世泛指通曆算的學者爲疇人。

㉖ 會事,我國從周代開始有會計一詞,設置官吏,掌握財務賦税,做月計、歲會。焦循《孟子正義》:"零星算之爲計,總合算

之爲會。”會事,會計之事。

㉗ 府史,古代官位之稱。《周禮·天官·塚宰》:“府六人,史十有二人。”鄭玄注:“府治藏史掌書者,凡府史皆其官長所自辟除。”

㉘ 三式,術數者以雷公(遁甲)、太乙、六壬爲三式。六十甲子中有壬申、壬午、壬辰、壬寅、壬子、壬戌、六個壬年,因稱六壬。六壬有720課。術數者藉以占吉凶禍福,雷公、太乙類此。

㉙ 九數,周代六藝教育之六爲數,數爲九數。九數,《周官》未列其目。鄭玄注引鄭衆説:“九數:方田、粟米、差分、少廣、商功、均輸、方程、贏不足、旁要。今有重差,夕桀、句股也。”

㉚ 專術,專即軎,車軸頭。沈括《夢溪筆談》:“審方面勢,覆量高深遠近,算家謂之軎術,軎文象形,如繩木所用墨斗也。”軎術即句股比例、測量之術。

㉛ 大衍法,指大衍總數術,詳本書即《數書九章》第一章。

㉜ 九章,即《九章算術》,九章與九數略異。九章爲方田、粟米、衰分、少廣、商功、均輸、盈不足、方程及句股。

㉝ 浸浸乎,漸漸地。

㉞ 天紀,古代觀察自然現象,以爲農事之紀,謂之天紀。

㉟ 殽,通淆,混淆,淆亂。

㊱ 閑,通嫻,熟練。

㊲ 中都,指南宋首都臨安,今杭州市。

㊳ 太史,魏晉以後,太史掌管推算曆法,宋時設太史局,專司曆算。

㊴ 隱君子,隱居的高士。此指陳無靚,陳與秦氏爲同代人,人稱隱君子,爲陳廣寒之孫。

㊵ 狄患,指元兵攻蜀。

㊶ 矢石間,古時弓箭與礧石爲投射武器。

㊷ 荏苒，時間流失。

㊸ 禩，通祀，古稱年爲祀。《書・洪範》："惟十有三祀。"

㊹ 心槁氣落，意謂心灰意懶。

㊺ 肆意，毫無顧忌。

㊻ 諏，諮詢。《詩・小雅・皇皇者華》："周爰諮諏。"《毛傳》："諮事爲諏。"

㊼ 方能，訪問能人。

㊽ 杳渺，遥遠，深遠。

㊾ 儻，通倘。

㊿ 瞢，煩惱。

51 淳祐七年，即公元 1247 年。

52 旁礴、旁魄、磅礴相通。廣大無邊。

53 奇餘取策，群數皆捐。衍而究之，探隱知原。在同餘式 $ax\equiv b \pmod c$ 中取 b_1，使 $0\leqslant b_1<c<b$，b 雖大於 c，而 $ax\equiv b$ 可以 $ax\equiv b_1 \pmod c$ 表達。其中 $b/(c-b_1)$，在 b_1 至 b 之間的數都被舍去（皆捐），而從餘數 b_1（奇餘）按大衍求一術（衍而究之）求出 x（探隱知原）。

54 穹，太空。

55 革，改變。《易・革》：離下兑上。象曰："澤中有火，革。"火在澤中，二者相違，必相改變。

56 三農，《周禮・天官・大宰》："以九職任萬民：一曰三農，生九穀。"鄭注引鄭司農云："三農平地、山、澤也。"三農古爲九職之首，而平地農、山農、澤農，稱爲三農。

57 穡，收穫穀物。《詩・魏風》："不稼不穡。"毛傳："種之曰稼，斂之曰穡。"

58 膏，滋潤。《詩・曹風》："陰雨膏之。"

59 零，通淋。《詩・鄘風》："靈雨既零。"

⑥⓪ 司牧,《左傳·襄公十四年》:"天生民而立之君,使司牧之。"

⑥① 閔,通憫。

⑥② 移,疑傳抄誤。

⑥③ 魁,大、首。隗,高、崇。

⑥④ 粒民,供給人民糧食。《書·益稷》:"烝民乃粒。"

⑥⑤ 甄度,明察。

⑥⑥ 蒼姬,泛指周代。周代姬姓,盛言受命於天。天蒼蒼色,遂爲代稱。

⑥⑦ 井,指井田。井之用作動詞,即以井田授之。

⑥⑧ 菑,初耕地。《爾雅·釋地》:"田一歲曰菑。"

⑥⑨ 庀賦,整治賦税。

⑦⓪ 衺,通邪。

⑦① 窊,低窪田地。

⑦② 匪,通非。濬,通浚。

⑦③ 奠,定。《書·禹貢》:"奠高山大川。"

⑦④ 重差,劉徽所創二次測望求高深的測量方法。

⑦⑤ 夕桀,鄭玄所提出的九數内容之一。在《數書九章》中兩見此詞,另一在"望敵圓營","以句股夕桀求之"。何謂夕桀:

錢大昕:夕桀爲互棄(乘)之僞。

孔繼涵:從錢説,進一步以爲是方程術中的"維乘"。

羅士琳:從錢説。

段玉裁:夕爲勺,桀爲乘。勺乘乃酌乘。

顧觀光:輯夕桀術106問。自《數書九章》《九章算術》及《測圓海鏡》有關句股容圓題。

張文虎:夕,衺也,桀,揭也。揭即表,夕桀爲樹表斜望。

諸可寶:夕有衺義,桀通磔。夕桀斜剖,句股形被中垂綫剖分爲二相似句股。

我們認爲秦氏書所説夕桀，應指句股比例測望問題，即指劉徽重差術。

(76) 揆，度量。

(77) 罔，通無。

(78) 靡，不。

(79) 畡，界限。

(80) 算，漢代成年人每年交税單位稱爲一算。《漢書·昭帝紀》又《後漢書·光武帝紀》注："人年十五至五十六出賦錢，人百二十，爲一算。……至武帝時，又口加三錢。"

(81) 菑，通災。

(82) 扞，通捍。

(83) 式時，敬時，遵時。

(84) 府庾，聚物爲府，露積曰庾。意謂堆積貨物的倉庫與場地。

(85) 粒粟寸絲，褐夫紅女：一粒粟、一寸絲都是穿褐衣的丈夫和做女紅的姑娘勞動出來的。

(86) 殫，竭盡。

(87) 圍蔡而栽，如子西素，《左傳·哀公元年》："楚子圍蔡，報柏舉也，里而栽。廣丈、高倍。夫屯晝夜九日，如子西之素。"孔穎達疏："築牆立板，謂之栽。栽者，竪木以約板也。"圍蔡里而栽，謂設板築爲圍壘，周匝離開蔡城一里。費了九個晝夜，如子西所設計的。

(88) 匠計靈臺，俾漢文懼，《漢書·文帝紀·贊》："孝文皇帝即位二十三年，宫室苑囿、車騎、服御無所增益。有不便輒弛以利民。嘗欲作露臺，召匠計之，直百金。上曰：百金，中人十家之産。吾奉先帝宫室，嘗恐羞之，何以臺爲?"此靈臺即露臺，漢文尚儉,計費百金,不願爲之。

⑧⑨ 五材,《周禮·考工記》:"以飭五材。"鄭玄注:"此五材,金、木、水、火、土。"金喻兵器。

⑨⓪ 鵝鸛,軍陣名。

⑨① 殄,滅絶。

⑨② 墆,通滯,積蓄。

⑨③ 錙銖,二十四銖重一兩,六銖爲一錙。

⑨④ 蹛,通滯。《史記·平准書》:"留蹛無所食。"

⑨⑤ 封君,古代受封的貴族。低首,意謂崇拜、歡迎。

【譯文】

周代推行六藝的教育,數學充實了其中的一項。古代的知識分子——士大夫推崇這種學問,時間已很久了。它的運用源於自然界的同一本體,應用無窮:大的可以通神明、順性命;小的可以經營世務、模擬物態;怎能容許以淺見薄識來窺測它呢?古代是以算籌推測,藉以安排日期,並從音律來測定氣候的。通過矩尺測量山川,圭表計算日影。這樣,偌大的宇宙都可以納入於它的範圍之中,而不會脱離,更何況人間的林林總總的事物呢?

自從《河圖》《洛書》啓示了天地的奥秘,《八卦》《九疇》概括了精湛的義蘊,發展到《大衍曆》《皇極曆》的編訂,可以説包括了人世間事的各種變化,就連鬼神之情也無法隱遁。聖人加以闡發,但他所説明的、給人的還是較爲簡略的東西。一般人於此就難於理解,從而没有覺察。我探索它的要旨,知道算術與原理,兩者統一,不是兩元的。

西漢離開上古還不很遠,張蒼、許商、乘馬延年、耿壽昌、鄭玄、張衡、劉洪這一流人物,有的是闡發原理,它的算法傳之於後;有的是計算工程,獲得核驗總和效果於他的時代。後世的學者往往自鳴清高,看不起這門學問,都不願去講習它。這門學問幾乎要失傳了。祇有研究曆法的疇人,還能夠做乘除計算,卻不懂得開方的衍變。至於官府的處理事務,府史祇知道一二的加法,算家籌策的排位計算,就都没有知識了。在位當官的把事情交給了他就隨他去了。掌管計算的是這樣的人,因此,被人家所鄙視是應該的了。唉!管音樂的制氏,祇記聲響的鏗鏘,卻吹噓它的旋律能與天地同和。學問祇是停留於此,這能説得過去嗎?

現在數術的著作還有三十餘家。記録天象運行的稱爲綴術,這與太乙、壬申合稱三式,都稱内算,用以表示這是保密的,内傳而不外傳。《九章算术》中所記載的,即《周禮》所稱的"九數"。聯繫到方圓計算的,稱爲"專術",都稱"外算"。外算是對内算而説的。兩者的計算應用是相通的,不能把它分而爲二的。祇是"大衍術"法没有載入《九章算术》,現在都没有人能推算它了。曆算家推演曆法很多處運用它;有的把它説成方程,這是錯誤的。天下的事是千頭萬緒的。古代的人先做設計,設計定了,然後把它施諸行動。仰觀俯察,人謀鬼謀,處處都是小心謹慎的。這樣可以不出岔子,而獲得成就。典籍上的記載十分清晰,是可以復按的。後世開始辦事的,很多人能作考察計算。漸漸地,把天紀、人事的計算弄亂和殘缺了。那麼,我們可不推求它的緣故嗎?

九韶是愚昧和鄙陋的,對於六藝並没有嫻習,但在青少年時曾去臨安(今杭州)侍奉雙親,遂得訪謁、求教於國家天文臺的太史,還從不知名隱居的君子傳受數學。恰逢夷狄侵陵,歷年坎坷,想不到於弓矢炮石之間苟全性命。歷險擔憂,瞬間十年就過去了。心力枯竭,真的相信天地間的事都是有數的。於是馳思其間,多方請教能人,探索它的深邃的原理,好像粗率地有些收穫。自然説不上:通神明,順性命;祇是一些膚淺的見解而已。

摘些小的，本人把它設爲問答，以便於用。不覺積了許多，總是愛惜它的廢棄，遂取八十一題，分爲九類，立出算術，並加演草，有的就用圖來説明。這樣恐怕可以略備博學多識的君子茶餘的賞觀，我的曲藝鑽研的志向得此可以遂這夙願了。還望把它提高到原理上來。倘有人説：此藝雖有所就，這是疇人、府史一流的下事，那裏能盡天下之大用；那麽我也不爲這事而煩惱啊。淳祐七年（公元 1247 年）九月魯郡秦九韶序。並提要曰：

雄渾的昆侖山啊，本源出自太虚。聖人創作大衍之數，它的微言大義寓於《周易》。大衍之數五十，衹取其四十九，餘數都棄。闡發大衍術來推究，可以探索它的隱秘和推溯它的來源。數學法則的來源，以實例作爲根本。《九章算術》這本著作，這個算術卻無記載。曆算家雖在應用，並不知道它的原理。這裏我就小試一下，用以經世；姑且推演我所研究的吧。論述大衍爲第一章。

七星在太空中迴旋，這是人事的紀綱。追尋它的規律加以記録，晚上觀察星象，白天測算晷影。曆法運用日久就會發生誤差，聰明的人起來把它改革。倘不實測這七星的行程，模擬抄襲會有什麽用處呢？農家從事收穫，有賴天時的施與。使農作物茁壯生長，靠着雨雪的滋潤栽培。官員重視，檢驗雨雪降的尺寸，用容器來看它累積的多少，有時憂喜都不一定對的。論述天時爲第二章。

人民的糧食是十分重要的，四海的生計都要看到。西周推行了井田制，這是國家仁政的所在。遠遠的一代代傳下來，使得人口繁衍，開墾種植一天天擴充。丈量田畝用以收税，首先要掌握版圖的地形。方圓的面積是不同的，斜正隆窪也不齊一。用專術來測量道理是很精深的，誰能窮研精究獲得它的正確性呢。假使誤差衹是一毫一釐，那形成的荒謬就會成千上百。這樣公私都要遭受損失，對於户籍税册之事當謹慎又仔細。論述田域爲第三章。

山不是很高的嗎？川不是很深的嗎？大禹就把山川奠定了，它的積矩知遠之術也就傳了下來。聰明的人能够創作，靈巧的人把它宣揚。這就是重差、夕桀之術。這個推求之術是很周詳的，循了它的路子去做，是很不容易超越的。高深廣遠，直接測量是難於容許的。因爲地形時有阻隔；形勢也有禁閉。例如，那是敵方的營壘，仇人的墻垣；要獲得它的數據，衹有立表，運用影差來推算，這樣纔能測知它的微渺的數據。論述測望爲第四章。

國家的税收，用來興辦各種事業。量田計賦，必須取之有度。力役的能不能免，先研究它的功程。運用比例來分配，這樣人的勞逸纔會均匀。漢代離今還算近古，它的税收是有計算的。調整錢糧使人民負擔合理，治河也早注意到它的防洪。當官者推行仁政愛護人民，好像自己受饑受溺。賦税徭役分派不均，這個問題不考慮到能心安嗎？論述賦役爲第五章。

收取賦税要看物品的等級，國家地方作物入庫要看時令。一粒粟一寸絲，都是男男女女辛苦勞動出來的。官府徵税和穀物，後世的花招是作惡多端的。官吏借此欺詐，那麽上下都會弄空，精疲力竭的。我所知道善理財的，應像智者治水一樣，把它的源要澄清，流要疏通，正本清源，治標治本，消除隱患。那些愚昧的人看不到這點，衹知惨急煩刑。這樣去理益遠，唉！爲官者不仁啊！可歎可歎！論述錢穀爲第六章。

城啊池啊，棟啊宇啊！城市的房屋建築，百姓賴以生存，生命得有保障，財富用以積聚，城堞是起了大功的。竹木的建築，不善計算，就會消耗了不少財富，把民力也就傷了。楚昭王圍蔡，在離蔡坡一里築墻立板，是依了子西的建議。匠人建築靈臺,使漢文帝害怕造價太高了。用武衹是爲了争奪戰功;節儉纔能生財積德。有國有家的,應該於此獲得法則。論述營建爲第七章。

自然界所産生的五材:金木水火土,其中兵器這一項是不可廢棄的。没有操練就去打仗,這是在上者的失誤。堂堂皇皇的列陣,應該像鵝鸛的陣營的行列一樣。軍營布陣應有規矩,這樣,它的大將是没有敵人能够抵擋的。軍隊中最大的優勢,是發揮它的智謀與勇敢。燈下研究兵書,首先是重視謀略。我所知道古來的經驗教訓,輕視敵人就會失去計謀。企圖僥倖就會殘害百姓,這不是一孔之見的擔憂。論述軍旅爲第八章。

日中而市,百姓的生計都在依靠它的。商賈貿易,一分一毫都是會計較的。驅馳貧窮的人積聚財富,自然是受封的君侯所歡迎的。做生意人施行舍本求末,兼併壟斷,這不是國家所鼓勵贊許的。論述市易爲第九章。

編者説明:本文據手稿録編。時間不詳,由稿紙中縫所標“杭州大學古籍研究所”推之,應爲1983年以後。原稿僅有譯文和注釋(随正文),汪編將注釋移置頁下,並補入秦序原文。原題“術數九章序”,今題爲審訂者(陳飛)酌擬,並加“注釋”“譯文”以區别之。

杜術分析法解義

西士杜德美[1]割圓弦矢捷法，在清康熙末年傳入中國。但祇傳其術，未嘗言其立法之理，不知何故？按此法應用棣美弗定理，展開二項例可得其解。從此推演，可以施於切割，真捷法之基石也。棣氏者，英國數學名家[2]，專攻復數，在 1725 年發明此理。杜氏於 1701 年來華，未知曾聞其説否？

清初學者，都未聞及。嗣後，梅侣項名達因以弧分不通切割爲憾。而戴煦(鄂士)遂有《外切密率》之作。深思累年，始悟以連比率借求弦矢諸術變通之。戴氏復推闡簡法，以弧背逕求正割餘弦對數，又有《假數測圓》之作，此西人所未知者。獨得驪珠，頓開鳥道。宜乎艾約瑟爲之五體投地也！

戴氏創術之時，初不知有代數，亦不知有二項例，迺能知西人之所已知，並能知西人之所未知，此見吾國人心思之突破西人，洵足自豪！

夫借徑於代數，其得之也易；推原於連比例，其得之也難！

---

① 杜德美(1668—1720)，字嘉平。法國人。耶穌會士，康熙四十年(1701)來華，與雷孝思、白晉奉旨測繪全國輿圖，分任冀北、遼東及滿洲，沿長城一帶，繪成《皇輿全覽圖》。著有《周徑密率》《求正弦正矢捷法》等。——陳注

② 棣美弗(今譯棣莫費)是法國數學家。——汪注

難易之分,高下判矣。

余讀明清之際西學東漸之史,不禁重有感焉。耶穌會士,若利瑪竇、若杜德美,傳歐西天文曆算輿地之學,以饗吾國人,其功有不可泯者。然竊怪其所述者,都非歐西最新至精之作。哥白尼已倡地動説矣,而利瑪竇猶嗤言多禄某之天文學;牛頓、萊勃尼兹已發明微分積分矣,杜德美獨無片言及之。豈若輩俱爲抱殘守缺之士?抑别有用心耶?梅瑴成《赤水遺珍》有密率弦矢三術,謂譯西士杜德美法,未言立法之原。割圜密率捷法,陳際新以爲三術爲杜術,餘六術明安圖苦思三十年所補創。杜氏曷爲不詳細言之而費後人苦思?又可怪也。

長夏無事,讀《三角學》,覺其理實曉暢,因摭拾之,以爲讀杜術者之一助云爾。

一九五一年八月十九日劉操南記於浙江大學龍泉館漆園

按棣美弗(De Moivre)定理:$\cos\phi+i\sin\phi$ 之 n 次方等於原式以 n 倍 ϕ,n 可爲任何整數或分數。以式表之爲:

$(\cos\phi+\sin\phi)^n=\cos n\phi+i\sin n\phi$。

由二項例

$$(a+b)^n=a^n+na^{n-1}b+\frac{n(n-1)}{2!}a^{n-2}b^2+\frac{n(n-1)(n-2)}{3!}a^{n-3}b^3+\cdots$$

試展開之

$$(\cos\phi+i\sin\phi)^n=\cos^n\phi+n\cos^{n-1}\phi(i\sin\phi)+\frac{n(n-1)}{2!}\cos^{n-2}\phi(i\sin\phi)^2$$

$$+\frac{n(n-1)(n-2)}{3!}\cos^{n-3}\phi(\mathrm{i}\sin\phi)^3$$

$$+\frac{n(n-1)(n-2)(n-3)}{4!}\cos^{n-4}\phi(\mathrm{i}\sin\phi)^4+\cdots$$

因

$\mathrm{i}^2=-1,\mathrm{i}^3=-\mathrm{i},\mathrm{i}^4=1,\mathrm{i}^5=\mathrm{i},\cdots$

代入前式並整理之

$$(\cos\phi+\mathrm{i}\sin\phi)^n=\cos^n\phi-\frac{n(n-1)}{2!}\cos^{n-2}\phi\sin^2\phi$$

$$+\frac{n(n-1)(n-2)(n-3)}{4!}\cos^{n-4}\phi\sin^4\phi-\cdots$$

$$+\mathrm{i}\left[n\cos^{n-1}\phi\sin\phi-\frac{n(n-1)(n-2)}{3!}\cos^{n-3}\phi\sin^3\phi+\cdots\right]$$

$$=\cos n\phi+\mathrm{i}\sin n\phi。$$

兩復數相等,則兩端之實數部與虛數步亦各項等,故有

$$\cos n\phi=\cos^n\phi-\frac{n(n-1)}{2!}\cos^{n-2}\phi\sin^2\phi$$

$$+\frac{n(n-1)(n-2)(n-3)}{4!}\cos^{n-4}\phi\sin^4\phi-\cdots$$

$$\sin n\phi=n\cos^{n-1}\phi\sin\phi-\frac{n(n-1)(n-2)}{3!}\cos^{n-3}\phi\sin^3\phi$$

$$+\frac{n(n-1)(n-2)(n-3)(n-4)}{5!}\cos^{n-5}\phi\sin^5\phi-\cdots$$

茲進而求三角級數,以弧背表三角函數。設 $n\phi=\theta$,則 $n=\frac{\theta}{\phi}$,於是得

$$\cos\theta=\cos^n\phi-\frac{\frac{\theta}{\phi}\left(\frac{\theta}{\phi}-1\right)}{2!}\cos^{n-2}\phi\sin^2\phi$$

$$+\frac{\frac{\theta}{\phi}\left(\frac{\theta}{\phi}-1\right)\left(\frac{\theta}{\phi}-2\right)\left(\frac{\theta}{\phi}-3\right)}{4!}\cos^{n-4}\phi\sin^{4}\phi-\cdots$$

$$=\cos^{n}\phi-\frac{\theta(\theta-\phi)}{2!}\cos^{n-2}\phi\left(\frac{\sin\phi}{\phi}\right)^{2}$$

$$+\frac{\theta(\theta-\phi)(\theta-2\phi)(\theta-3\phi)}{4!}\cos^{n-4}\phi\left(\frac{\sin\phi}{\phi}\right)^{4}-\cdots$$

設 ϕ 近於零而 θ 不變，則 n 爲無窮大。因

$$\lim_{\phi\to 0}\frac{\sin\phi}{\phi}=1,$$

及

$$\lim_{\phi\to 0}\cos\phi=1,$$

代入上式，則得

$$\cos\theta=1-\frac{\theta^{2}}{2!}+\frac{\theta^{4}}{4!}-\frac{\theta^{6}}{6!}+\cdots \tag{1}$$

同樣再以 $n=\frac{\theta}{\phi}$ 代入得

$$\sin\theta=\frac{\theta}{\phi}\cos^{n-1}\phi\sin\phi-\frac{\frac{\theta}{\phi}\left(\frac{\theta}{\phi}-1\right)\left(\frac{\theta}{\phi}-2\right)}{3!}\cos^{n-3}\phi\sin^{3}\phi$$

$$+\frac{\frac{\theta}{\phi}\left(\frac{\theta}{\phi}-1\right)\left(\frac{\theta}{\phi}-2\right)\left(\frac{\theta}{\phi}-3\right)\left(\frac{\theta}{\phi}-4\right)}{5!}\cos^{n-5}\phi\sin^{5}\phi-\cdots$$

$$=\theta\cos^{n-1}\phi\left(\frac{\sin\phi}{\phi}\right)-\frac{\theta(\theta-\phi)(\theta-2\phi)}{3!}\cos^{n-3}\phi\left(\frac{\sin\phi}{\phi}\right)^{3}$$

$$+\frac{\theta(\theta-\phi)(\theta-2\phi)(\theta-3\phi)(\theta-4\phi)}{5!}\cos^{n-5}\phi\left(\frac{\sin\phi}{\phi}\right)^{5}$$

$$-\cdots$$

ϕ 近於零，則得

$$\sin\theta=\theta-\frac{\theta^3}{3!}+\frac{\theta^5}{5!}-\frac{\theta^7}{7!}+\cdots \tag{2}$$

既知正弦與餘弦級數,則可由相除而得正切級數

$$\tan\theta=\frac{\sin\theta}{\cos\theta}=\frac{\theta-\dfrac{\theta^3}{3!}+\dfrac{\theta^5}{5!}-\cdots}{1-\dfrac{\theta^2}{2!}+\dfrac{\theta^4}{4!}-\cdots}$$

$$=\left(\theta-\frac{\theta^3}{3!}+\frac{\theta^5}{5!}-\cdots\right)\left[1-\left(\frac{\theta^2}{2!}-\frac{\theta^4}{4!}+\cdots\right)\right]^{-1}$$

$$=\left(\theta-\frac{\theta^3}{6}+\frac{\theta^5}{120}-\cdots\right)\left[1+\left(\frac{\theta^2}{2}-\frac{\theta^4}{24}+\cdots\right)+\left(\frac{\theta^2}{2}-\frac{\theta^4}{24}+\cdots\right)^2+\cdots\right]$$

$$=\left(\theta-\frac{\theta^3}{6}+\frac{\theta^5}{120}-\cdots\right)\left(1+\frac{\theta^2}{2}+\frac{5\theta^4}{24}+\cdots\right)$$

$$=\theta+\frac{\theta^3}{3}+\frac{2\theta^5}{15}+\cdots$$

故得

$$\tan\theta=\theta+\frac{\theta^3}{3}+\frac{2\theta^5}{15}+\frac{17\theta^7}{315}+\cdots \tag{3}$$

同理可得餘切級數

$$\cot\theta=\frac{1}{\theta}-\frac{\theta}{3}-\frac{\theta^3}{45}-\frac{2\theta^5}{945}-\cdots \tag{4}$$

以上第二式即杜術弧背求正弦術也,第三式即戴氏外切密率之正切術也。

編者説明:本文按抄寫稿録編。

杜術微分法解義

西士杜德美以“割圜密率捷法”九術輸入中國,但言其術,未述立法之原。有清學者冥心獨運,思得其解,垂三百年,在海寧李壬叔著《弧矢啓秘》以前,都以連比術解之。董方立所謂反復尋繹,究其立法之原,蓋即“圜容十八觚之術”。觸類引伸,求其累積,實兼差分之列衰,商功之堆垛,而會通以勾股之變。蓋其所憑藉者,幾何學與四元術二者而已。故雖文思精闢,有足多者,而取徑迂迴,時嫌煩瑣。今以微分法解之,則見捷法之中猶有捷者焉。

操南再記。

按泰勒定理展開之,其式如次:

$$f(x_0+h)=f(x_0)+f(x_0)h+f'(x_0)h+f''(x_0)\frac{h^2}{2!}+f'''(x_0)\frac{h^3}{3!}+\cdots$$

命 $x=x_0+h$,則 $h=x-x_0$,則得

$$f(x)=f(x_0)+f'(x_0)(x-x_0)+f''(x_0)\frac{(x-x_0)^2}{2!}+f'''(x_0)\frac{(x-x_0)^3}{3!}+\cdots$$

設特例 $x_0=0$,則式變爲:

$$f(x)=f(0)+f'(0)x+f''(0)\frac{x^2}{2!}+f'''(0)\frac{x^3}{3!}+\cdots$$

合於麥克勞林定理,此定理於十八世紀早期已得證明,今試展開 $\sin x$ 之項列,已知

$$f(x)=\sin x, f(0)=0,$$
$$f'(x)=\cos x, f'(0)=1,$$
$$f''(x)=-\sin x, f''(0)=0,$$
$$f'''(x)=-\cos x, f'''(0)=-1,$$

代入得:

$$\sin x=x-\frac{x^3}{3!}+\frac{x^5}{5!}-\cdots$$

同理可得:

$$\cos x=1-\frac{x^2}{2!}+\frac{x^4}{4!}-\cdots$$

前式即杜術弧背求正弦術也。正切、餘切皆可由此前後二式相除求得。

編者說明:本文按抄寫稿録編。

本卷編後説明

本卷收入《四邊形之研究》《數學難題新解》《〈緝古算經〉箋釋》三種及單文六篇，其中《新解》原自爲書，其他二種雖未成書，其體制規模實近之，故依書例編入。六篇單文集爲一束，題爲“古算譯釋”。總題“古算廣義”，係遵劉操南先生原意。本卷主要部分由汪曉勤録校編輯（注稱“汪注”），後由陳飛統理審訂（注稱“陳注”）。參與本卷工作的還有沈中宇、余慶純、李卓忱、李霞、方倩、盧成嫻、林莊燕、周天婷、瞿鑫婷、陳君煜等。

圖書在版編目(CIP)數據

古算廣義 / 劉操南著. —杭州：浙江大學出版社，2022.1
(劉操南全集)
ISBN 978-7-308-20974-8

Ⅰ.①古… Ⅱ.①劉… Ⅲ.①數學史－中國－古代－文集 Ⅳ.①O112－53

中國版本圖書館 CIP 數據核字(2020)第 264883 號

古算廣義
劉操南　著

策劃主持　黄寶忠　宋旭華
責任編輯　蔡　帆
責任校對　蔡曉歡
封面設計　項夢怡
出版發行　浙江大學出版社
(杭州市天目山路 148 號　郵政編碼 310007)
(網址：http://www.zjupress.com)
排　　版　浙江時代出版服務有限公司
印　　刷　杭州宏雅印刷有限公司
開　　本　880mm×1230mm　1/32
印　　張　9.125
插　　頁　2
字　　數　213 千
版 印 次　2022 年 1 月第 1 版　2022 年 1 月第 1 次印刷
書　　號　ISBN 978-7-308-20974-8
定　　價　98.00 圓

浙江大學出版社發行中心聯繫方式：0571－88925591；http://zjdxcbs.tmall.com